Android 移动开发项目式教程

主　编　杨美霞
副主编　高磊磊　史倩倩　任学雯
　　　　刘乔佳　王月娇
参　编　张玉萍　贾理淳　王占云

北京理工大学出版社
BEIJING INSTITUTE OF TECHNOLOGY PRESS

内 容 简 介

本教材共 8 个项目，分为 30 个任务：项目一主要讲解 Android 的基础知识，包括 Android 起源、Android 体系结构、开发环境搭建等。项目二主要讲解线性布局、表格布局、相对布局等 UI 界面常见布局。项目三主要讲解文本框、编辑框、按钮等界面设计基础控件。项目四主要讲解基于监听、回调及直接绑定标签的事件处理。项目五主要讲解高级控件的应用。项目六主要讲解数据存储和数据共享。项目七主要讲解 Activity、BroadcastReceiver、Service、ContentProvider 四大组件。项目八主要讲解 Android 中的网络编程，包括 Socket 协议、HTTP 协议等。

本教材可供高职高专及职业本科院校软件技术、移动应用开发、物联网等专业学生及教师使用，也可供有关技术人员作为学习参考书使用。

版权专有　侵权必究

图书在版编目(CIP)数据

Android 移动开发项目式教程 / 杨美霞主编. -- 北京：北京理工大学出版社，2023.12
ISBN 978-7-5763-1882-1

Ⅰ. ①A… Ⅱ. ①杨… Ⅲ. ①移动终端 – 应用程序 – 程序设计 – 教材 Ⅳ. ①TN929.53

中国版本图书馆 CIP 数据核字(2022)第 227196 号

责任编辑：王玲玲　　**文案编辑**：王玲玲
责任校对：刘亚男　　**责任印制**：施胜娟

出版发行 /	北京理工大学出版社有限责任公司
社　　址 /	北京市丰台区四合庄路 6 号
邮　　编 /	100070
电　　话 /	(010) 68914026（教材售后服务热线）
	(010) 68944437（课件资源服务热线）
网　　址 /	http://www.bitpress.com.cn
版印次 /	2023 年 12 月第 1 版第 1 次印刷
印　　刷 /	河北盛世彩捷印刷有限公司
开　　本 /	787 mm × 1092 mm　1/16
印　　张 /	18.75
字　　数 /	415 千字
定　　价 /	65.80 元

图书出现印装质量问题，请拨打售后服务热线，负责调换

前言

本书从初学者的角度出发，采用项目式模块化的方式进行呈现，通过调研与论证典型工作岗位—定位人才培养目标—分析典型工作任务与职业能力—知识解构与重构—教学内容模块化的逻辑思路进行设计。在案例设计上，力求贴合实际需求，在典型案例选取中融入 1+X 证书标准，真正做到把书本上的知识应用到实际开发中，非常适合初学者学习。

本书特色

（一）精心安排内容，符合岗位需求

精心挑选与实际应用密切相关的知识点和案例，全面对接职业标准和岗位需求，图例丰富、形式活泼，语言表达简洁易懂，大幅降低了理论知识的难度，既能突出学生职业技能培养，又能保证学生掌握必备的基本理论知识。

（二）知识点融入案例，更易于理解和掌握

摒弃枯燥的理论，没有长篇的对于某个知识点的解释以及属性、方法的大量罗列。知识点都是通过具体案例进行讲解的，同时配套了丰富的数字化资源，更易于初学者理解和掌握。

（三）注重隐形思政教育，全过程育人

坚持正确的政治方向和价值导向，秉持和践行立德树人的教学理念，将项目导入与思政元素相结合，将"科技强国""自主可控""爱岗敬业""工匠精神""树立远大理想"等内容融入课堂，思政元素贯穿教育教学全过程，做到润物无声。

主要内容

教材共分为 8 个项目。

项目一：系统开发环境搭建。主要讲解 Android 的前世今生、Android 开发环境的搭建和编写第一个 Android 程序。

项目二：Android 常用 UI 界面布局。主要讲解线性布局、表格布局、相对布局、帧布局、网格布局、约束布局等 UI 界面常见布局。

项目三：UI 界面设计。主要讲解文本框、编辑框、按钮、单选按钮、复选按钮等界面设计基础控件及其属性和方法的使用。

项目四：Android 事件处理。主要讲解基于监听、回调和直接绑定标签的事件处理机制以及 Handler 消息传递机制。

项目五：高级控件编程。主要讲解 RatingBar、TabHost、AlertDialog、Spinner、ListView 等高级控件的应用。

项目六：数据存储和数据共享。主要讲解使用 SharedPreferences、XML 和 SQLite 进行数据存储和解析过程。

项目七：Android 基本组件应用。主要讲解 Android 四大核心组件：Activity、Service、BroadcastReceiver、ContentProvider。

项目八：网络编程。主要讲解基于 Socket 协议和 HTTP 协议的网络编程。

本教材由天津现代职业技术学院杨美霞教授任主编，由高磊磊、史倩倩、任学雯、刘乔佳、王月娇任副主编，张玉萍、贾理淳、王占云参与了本书的编写。本教材可供高职高专及职业本科院校软件技术、移动应用开发、物联网等专业学生及教师使用，也可供有关技术人员作为学习参考书使用，是一本适合初学者学习和参考的读物。

由于编者水平所限，书中难免存在疏漏之处，敬请广大读者批评指正。

目 录

项目一　系统开发环境搭建 ⋯⋯⋯⋯⋯⋯⋯⋯⋯⋯⋯⋯⋯⋯⋯⋯⋯⋯⋯⋯⋯⋯⋯⋯ 1
 任务 1　了解 Android 的前世今生 ⋯⋯⋯⋯⋯⋯⋯⋯⋯⋯⋯⋯⋯⋯⋯⋯⋯⋯⋯⋯⋯ 2
 任务 2　安装 Android 的运行环境 ⋯⋯⋯⋯⋯⋯⋯⋯⋯⋯⋯⋯⋯⋯⋯⋯⋯⋯⋯⋯⋯ 10
 任务 3　编写社会主义核心价值观 APP 程序 ⋯⋯⋯⋯⋯⋯⋯⋯⋯⋯⋯⋯⋯⋯⋯⋯ 19
 教学评价 ⋯⋯⋯⋯⋯⋯⋯⋯⋯⋯⋯⋯⋯⋯⋯⋯⋯⋯⋯⋯⋯⋯⋯⋯⋯⋯⋯⋯⋯⋯⋯⋯ 28

项目二　Android 常用 UI 界面布局 ⋯⋯⋯⋯⋯⋯⋯⋯⋯⋯⋯⋯⋯⋯⋯⋯⋯⋯⋯ 29
 任务 1　线性布局 ⋯⋯⋯⋯⋯⋯⋯⋯⋯⋯⋯⋯⋯⋯⋯⋯⋯⋯⋯⋯⋯⋯⋯⋯⋯⋯⋯⋯ 30
 任务 2　相对布局 ⋯⋯⋯⋯⋯⋯⋯⋯⋯⋯⋯⋯⋯⋯⋯⋯⋯⋯⋯⋯⋯⋯⋯⋯⋯⋯⋯⋯ 35
 任务 3　帧布局 ⋯⋯⋯⋯⋯⋯⋯⋯⋯⋯⋯⋯⋯⋯⋯⋯⋯⋯⋯⋯⋯⋯⋯⋯⋯⋯⋯⋯⋯ 39
 任务 4　表格布局 ⋯⋯⋯⋯⋯⋯⋯⋯⋯⋯⋯⋯⋯⋯⋯⋯⋯⋯⋯⋯⋯⋯⋯⋯⋯⋯⋯⋯ 43
 任务 5　网格布局 ⋯⋯⋯⋯⋯⋯⋯⋯⋯⋯⋯⋯⋯⋯⋯⋯⋯⋯⋯⋯⋯⋯⋯⋯⋯⋯⋯⋯ 50
 任务 6　约束布局 ⋯⋯⋯⋯⋯⋯⋯⋯⋯⋯⋯⋯⋯⋯⋯⋯⋯⋯⋯⋯⋯⋯⋯⋯⋯⋯⋯⋯ 54
 学习成果评价 ⋯⋯⋯⋯⋯⋯⋯⋯⋯⋯⋯⋯⋯⋯⋯⋯⋯⋯⋯⋯⋯⋯⋯⋯⋯⋯⋯⋯⋯⋯ 59
 教学评价 ⋯⋯⋯⋯⋯⋯⋯⋯⋯⋯⋯⋯⋯⋯⋯⋯⋯⋯⋯⋯⋯⋯⋯⋯⋯⋯⋯⋯⋯⋯⋯⋯ 61

项目三　UI 界面设计 ⋯⋯⋯⋯⋯⋯⋯⋯⋯⋯⋯⋯⋯⋯⋯⋯⋯⋯⋯⋯⋯⋯⋯⋯⋯⋯⋯ 62
 任务 1　实现会员注册界面 ⋯⋯⋯⋯⋯⋯⋯⋯⋯⋯⋯⋯⋯⋯⋯⋯⋯⋯⋯⋯⋯⋯⋯⋯ 63
 任务 2　使用 RadioButton 添加性别 ⋯⋯⋯⋯⋯⋯⋯⋯⋯⋯⋯⋯⋯⋯⋯⋯⋯⋯⋯⋯ 74
 任务 3　使用 CheckBox 添加爱好 ⋯⋯⋯⋯⋯⋯⋯⋯⋯⋯⋯⋯⋯⋯⋯⋯⋯⋯⋯⋯⋯ 81
 学习成果评价 ⋯⋯⋯⋯⋯⋯⋯⋯⋯⋯⋯⋯⋯⋯⋯⋯⋯⋯⋯⋯⋯⋯⋯⋯⋯⋯⋯⋯⋯⋯ 87
 教学过程评价 ⋯⋯⋯⋯⋯⋯⋯⋯⋯⋯⋯⋯⋯⋯⋯⋯⋯⋯⋯⋯⋯⋯⋯⋯⋯⋯⋯⋯⋯⋯ 88

项目四　Android 事件处理 ⋯⋯⋯⋯⋯⋯⋯⋯⋯⋯⋯⋯⋯⋯⋯⋯⋯⋯⋯⋯⋯⋯⋯⋯ 90
 任务 1　基于监听的事件处理 ⋯⋯⋯⋯⋯⋯⋯⋯⋯⋯⋯⋯⋯⋯⋯⋯⋯⋯⋯⋯⋯⋯⋯ 92
 任务 2　基于回调的事件处理——跟随手指移动的小球 ⋯⋯⋯⋯⋯⋯⋯⋯⋯⋯⋯ 106
 任务 3　直接绑定到标签——改变字体颜色 ⋯⋯⋯⋯⋯⋯⋯⋯⋯⋯⋯⋯⋯⋯⋯⋯ 113
 任务 4　Handler 消息传递机制——图片自动随机播放器 ⋯⋯⋯⋯⋯⋯⋯⋯⋯⋯ 116

| 学习成果评价 | 126 |
| 教学过程评价 | 127 |

项目五　高级控件编程 — 129

    任务 1　使用 RatingBar 显示五星好评 — 130
    任务 2　使用 TabHost 定制多页选项卡 — 136
    任务 3　自定义 AlertDialog 对学习强国官网进行访问 — 143
    任务 4　使用 Spinner 实现垃圾分类 — 151
    任务 5　通过 ListView 展示图文结合的不同方式 — 158
    学习成果评价 — 165
    教学过程评价 — 166

项目六　数据存储和数据共享 — 167

    任务 1　使用 SharedPreferences 实现"记住我" — 168
    任务 2　使用 XML 解析天气预报 — 175
    任务 3　使用 SQLite 实现学生信息表的增删改查 — 185
    学习成果评价 — 209
    教学过程评价 — 210

项目七　Android 基本组件应用 — 212

    任务 1　Activity 活动——用户信息注册 — 213
    任务 2　Service 服务——视力保护通知提醒 — 229
    任务 3　BroadcastReceiver——接收广播 — 239
    任务 4　ContentProvider 内容提供商——简单通讯录 — 250
    学习成果评价 — 271
    教学过程评价 — 273

项目八　网络编程 — 274

    任务 1　基于 Socket 编程向服务器发送数据 — 275
    任务 2　基于 HTTP 的网络编程获取天气信息 — 283
    学习成果评价 — 290
    教学过程评价 — 291

项目一

系统开发环境搭建

项目介绍:

  Android 智能手机已占据智能手机的绝大部分市场份额,引领了智能手机应用 APP 的技术发展。本项目将详细介绍 Android 的发展、Android 系统架构、Android 开发环境的搭建以及开发第一个 APP 程序。

学习要求:

  1. 素质目标

  通过搭建 Android 开发环境,培养学生认真、细心、耐心的学习态度,培养学生不断研究新知识的学习能力。

  2. 知识目标

  了解 Android 的历史;掌握安装 Android 运行环境的步骤;掌握建立 Android 程序的步骤。

  3. 能力目标

  在了解 Android 后,能够安装 Android 运行环境,理解 Android 程序的项目结构,利用 Android 集成开发工具 Android Studio 完成简单项目的开发。

1+x 证书考点:

工作领域	工作任务	专业技能要求	课程内容
开发环境搭建	Android 开发环境搭建	掌握安装 Android 运行环境的步骤;掌握建立 Android 程序的步骤	任务1:了解 Android 的前世今生 任务2:安装 Android 的运行环境 任务3:编写社会主义核心价值观 APP 程序

任务 1　了解 Android 的前世今生

任务描述

Android 手机占据智能手机 85% 以上的市场份额，成为绝对主流产品。Android 的应用也从智能手机拓展到智能穿戴设备、智能电视、智能家居、自动驾驶及工业互联网等多个领域。

大家对 Android 这个词并不陌生，那么到底什么是 Android 呢？

任务分析

Android 跟通信有关，要了解 Android，首先要了解通信技术，然后从 Android 起源、Android 体系结构、Dalvik 虚拟机等方面来分别介绍 Android。

知识要点

1. 通信技术

随着智能手机的发展，移动通信技术也在不断地升级，从最开始的 1G、2G 技术，到现在已经发展到 3G、4G 和 5G。这几种技术的最大区别就是传输速度。

1G 网络：第一代手机通信技术规格的简称，是模拟通信网络。1G 系统只能传输语音，系统的容量十分有限，安全性和干扰性也存在较大问题，我国的 1G 系统于 1987 年 11 月在广东开通。

2G 网络：第二代手机通信技术规格的简称。2G 移动通信系统以数字化为主要特征，以传输语言和低速数据业务为目的，又称为窄带数字通信系统，典型代表是 GSM 和 IS95。1995 年，我国开通了 GSM 数字电话网。

3G 网络：第三代手机，一般来讲，是指将无线通信与国际互联网等多媒体通信结合的新一代移动通信系统，具有 2 Mb/s 的高速率接入，它能够处理图像、音乐、视频流等多种媒体形式，提供包括网页浏览、电话会议、电子商务等多种信息服务。ITU 在 2000 年 5 月确定 WCDMA、CDMA2000、TD-SCDMA 三大主流无线接口标准，写入 3G 技术指导性文件《2000 年国际移动通信计划》；2007 年，WiMAX（又名 802.16）也被接受为 3G 标准之一。

4G 网络：第四代无线通信网络系统技术统称为 4G 网络。4G 通信技术是继第三代以后的又一次无线通信技术演进，其开发更加具有明确的目标性：提高移动装置无线访问互联网的速度。4G 系统能够以 100 Mb/s 的速度下载。2013 年 12 月，我国工信部下发 4G 牌照，中国移动、中国电信和中国联通均获得 TD-LTE 牌照，三大电信运营商全面开展 4G 应用。

5G 网络：第五代无线通信网络系统技术统称为 5G 网络。5G 的性能目标是高数据速率、减少延迟、节省能源、降低成本、提高系统容量和大规模设备连接。5G 网络的主要优势在于，数据传输速率远远高于以前的蜂窝网络，最高可达 10 Gb/s，比当前的有线互联网要快，比先前的 4G LTE 蜂窝网络快 100 倍。另一个优点是较低的网络延迟（更快的响应时间），低于 1 ms，而 4G 为 30~70 ms。2019 年 10 月 31 日，我国三大运营商公布 5G 商用套餐，并于 11 月 1 日正式上线 5G 商用套餐。

区别：2G 的传输速度为 9.6 kb/s，3G 在室内、室外和行车的环境中能够分别支持至少 2 Mb/s、384 kb/s 以及 144 kb/s 的传输速度，4G 可以达到 10~20 Mb/s，最高甚至可以达到 100 Mb/s，5G 将以每秒千兆位的速度查看数据传输速度。

2. Android 起源

Android 一词最早出现于法国作家利尔亚当在 1886 年发表的科幻小说《未来夏娃》中。他将外表像人的机器起名为 Android。

2005 年，谷歌收购后，于 2007 年 11 月 5 日正式向外界展示了这款系统，之后大概每隔半年更新一个版本，谷歌的命名规则是用甜点作为它们系统版本的代号的命名方法。甜点命名法开始于 Android 1.5 发布的时候。作为每个版本代表的甜点的尺寸越变越大，然后按照 26 个字母数序：纸杯蛋糕（Android 1.5）、甜甜圈（Android 1.6）、松饼（Android 2.0/2.1）、冻酸奶（Android 2.2）、姜饼（Android 2.3）、蜂巢（Android 3.0）、冰激凌三明治（Android 4.0）、果冻豆（Jelly Bean，Android 4.1 和 Android 4.2）、奇巧（KitKat，Android 4.4）、棒棒糖（Lollipop，Android 5.0）、棉花糖（Marshmallow，Android 6.0）、牛轧糖（Nougat，Android 7.0）、奥利奥（Oreo，Android 8.0）、派（Pie，Android 9.0）。

从 Android 10 开始，Android 不会再按照基于美味零食或甜点的字母顺序命名，而是转换为版本号，就像 Windows 操作系统和 iOS 系统一样。但是内部开发代号仍为甜点名称：Android 10（Quince Tart，榅桲果塔，Android Q）、Android 11（Red Velvet Cake，红丝绒蛋糕，Android R）、Android 12（Snow Cone，刨冰，Android S）、Android 13（Tiramisu，提拉米苏，Android T）、Android 14（Upside Down Cake，翻转蛋糕，Android U）、Android 15（Vanilla Ice Cream，香草冰淇淋，Android V）。

3. Android 的系统架构

1）Android 的体系结构

在 Android 操作系统中，将体系结构划分为 4 层：应用层（Application）、应用框架层（Application Framework）、系统运行时（Android Runtime）及库层（Libraries）、Linux 内核层（Linux Kernel），如图 1-1 所示。

（1）应用层（Application）

应用层是使用 Java 语言进行开发的一些应用程序，如地图软件、联系人管理等都属于应用层上运行的程序，许多开发出来的程序（如音乐播放器）也都是运行在应用层上。

（2）应用框架层（Application Framework）

应用框架层主要是 Google 发布的一些操作支持的类库（API 框架），开发人员可以使用这些类库方便地进行程序开发，但是在开发时必须遵守框架的开发原则。在应用框架层中也包含了众多的组件。

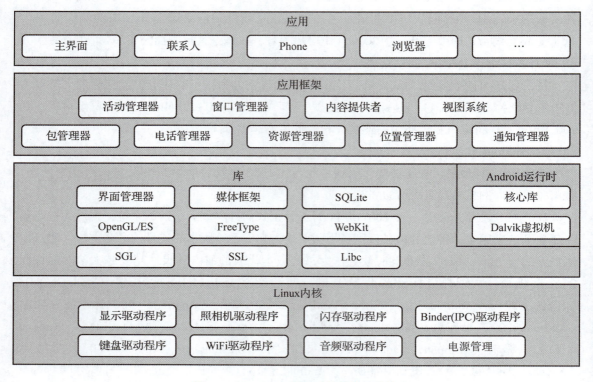

图 1-1 Android 操作系统的体系结构

● 活动管理器（Activity Manager）：是 Android 应用程序中的基本组件，所有可运行的程序都继承自 Activity 类，此类将接受 Android 操作系统的管理。

● 窗口管理器（Window Manager）：负责整个系统的窗口管理，可以控制窗口的打开、关闭、隐藏等操作。

● 内容提供者（Contack Providers）：实现多个程序间的数据共享操作。

● 视图系统（View System）：用于构建应用程序的显示界面，如文本组件、按钮组件等。

● 通知管理器（Notification Manager）：对手机顶部状态栏的提示消息进行管理（如短信提示、电话提示等）。

● 包管理器（Package Manager）：负责 Android 系统对所有程序的管理，如安装或卸载程序时需要用到的权限、清除用户数据等。

● 电话管理器（Telephony Manager）：提供取得手机基本服务信息的一种方式，可用来检测手机基本服务的情况。

● 资源管理器（Resource Manager）：提供访问非代码的资源，如国际化文字显示、图形界面和布局管理器。

● 位置管理器（Location Manager）：Google 提供的地图管理程序，可以为用户提供 GPS 导航功能。

● CXMPP 服务（XMPP Service）：XMPP 为可扩展的消息与表示协议（Extensible Messaging and Presence Protocol），是一个基于 XML 的即时通信协议。

（3）系统运行时（Android Runtime）及库层（Librarise）

当使用 Android 框架层进行开发时，Android 操作系统会自动使用一些 C/C++ 的库文件来支持所使用的各个组件，使其可以更好地为程序服务。

①核心库（Librarise）包括以下组件：

● 桌面管理器（Surface Manager）：负责管理显示子系统的访问，并且可以将多个应用程序的图形层无缝地融合。

● 媒体库（Media Manager）：为 Android 多媒体的核心库，是基于 PacketVideo 的 OpenCORE 核心组件开发的，从功能上讲，多媒体分为两个组件部分：一部分是音频、视频播放；另一部分是音频录音。

● 关系型数据库（SQLite）：是一个专门为嵌入式系统开发的关系型数据库。

● 3D 支持库（Open GL/ES）：提供了对 3D 功能的支持。

● FreeType 库：是一个开源的、高质量的且可移植的字体引擎，开源对位图和矢量字体提供支持。

● Web 浏览器引擎（WebKit）：提供 Web 浏览器的支持功能。

● SGL 库：2D 图像引擎。

● SSL（Secure Sockets Layer，安全套接字层）库：为数据通信提供安全的支持。

● Libc 库：Linux 下的 ANSIC 函数库，也是一个最为底层的库，是通过 Linux 系统调用来实现的。

②Android 运行时（Android Runtime）。

由 Android 核心库集和 Dalvik 虚拟机组成。Dalvik 是一个在移动设备上使用的虚拟机，对内存使用高效，而且在低速 CPU 上也能表现出高性能，Dalvik 虚拟机执行的是 *.dex 文件，其性能也更加高效。

（4）Linux 内核层（Linux Kernel）

Android 操作系统主要基于 Linux 2.6 内核，提供了安全性、内存管理、驱动模型、进程管理、网络协议等核心系统服务。Linux 内核也是系统硬件和软件叠层直接的抽象层。在 Linux 内核层中包括以下组件：

● 显示驱动（Display Driver）：基于 Linux 的帧缓冲驱动。

● 照相机驱动（Camera Driver）：常用的是基于 Linux 的 v412 驱动。

● 蓝牙驱动（Bluetooth Driver）：基于 IEEE 802.15.1 标志的无线传输技术。

● 闪存驱动（Flash Memory Driver）：基于 MTD 的 Flash 驱动程序。

● Binder（IPC）驱动：Android 的一个特殊的驱动程序，具有单独的设备节点，提供进程间通信的功能。

● USE 驱动（USE Driver）：提供 USB 设备的链接支持。

● 键盘驱动程序（KeyBoard Driver）：为输入设备提供支持。

- WiFi 驱动（WiFi Driver）：基于 IEEE 802.11 标准的驱动程序，可以连接无线网络。
- 音频驱动（Audio Driver）：基于 ALSA（Advanced Linux Sound Architecture）的高级 Linux 声音体系驱动。
- 电源管理（Power Management）：对电池电量进行监控。

2）Android 的应用程序框架

在进行 Android 软件开发时，开发者所开发的 Android 应用程序都是通过应用程序框架与 Android 底层进行交互的，所以，开发中接触到最多的部分就是应用程序框架。

(1) 整个应用程序框架中的重要组件

- Activity 活动

Activity 是与用户交互的入口点。它表示拥有界面的单个屏幕。在一个应用程序中可以包含多个 Activitiy 组件，每个 Activity 组件都拥有各自的生命周期。需将 Activity 作为 Activity 类的子类来实现。

例如，电子邮件应用可能有一个显示新电子邮件列表的 Activity、一个用于撰写电子邮件的 Activity 以及一个用于阅读电子邮件的 Activity。尽管这些 Activity 通过协作在电子邮件应用中形成一种紧密结合的用户体验，但每个 Activity 都独立于其他 Activity 而存在。因此，其他应用可以启动其中任何一个 Activity（如果电子邮件应用允许）。

- Service 服务

服务是一个通用入口点，用于因各种原因使应用在后台保持运行状态。它是一种在后台运行的组件，用于执行长时间运行的操作或为远程进程执行作业，服务不提供界面，需将服务作为 Service 的子类来实现。

例如，当用户使用其他应用时，服务可能会在后台播放音乐或通过网络获取数据，但这不会阻断用户与 Activity 的交互。

- BroadcastReceiver 广播接收器

借助广播接收器组件，系统能够在常规用户流之外向应用传递事件，从而允许应用响应系统范围内的广播通知。由于广播接收器是另一个明确定义的应用入口，因此系统甚至可以向当前未运行的应用传递广播。

广播接收器作为 BroadcastReceiver 的子类实现，并且每条广播都作为 Intent 对象进行传递。

- ContentProvider 内容提供程序

内容提供程序管理一组共享的应用数据，可以将这些数据存储在文件系统、SQLite 数据库、网络中或者应用可访问的任何其他持久化存储位置。其他应用可通过内容提供程序查询或修改数据（如果内容提供程序允许）。

内容提供程序作为 ContentProvider 的子类实现，并且其必须实现一组标准 API，以便其他应用能够执行事务。

(2) Android 中常见的组件包

Android 应用程序框架中的大部分组件分别定义在不同的包中，常见的组件包见表 1–1。

项目一　系统开发环境搭建

表 1–1　常见组件包

序号	包名	说明
1	android.app	提供程序主体运行支持类
2	android.content	提供程序和数据交互访问的支持类
3	android.database	提供数据库的存在支持类
4	android.graphics	底层的图形库，包含画布、颜色过滤、点、矩形，可以将它们绘制到屏幕上
5	android.location	定位和相关服务的支持类
6	android.media	提供一些类，用于管理多种音频、视频的媒体接口
7	android.net	提供网络访问的支持类
8	android.os	提供系统服务、消息传输和 IPC 机制
9	android.opengl	提供 OpenGL 的工具
10	android.provider	提供访问 Android 内容提供者的类
11	android.telephony	提供与拨打电话相关的 API 交互
12	android.view	提供基础的用户界面接口框架
13	android.util	涉及工具性的方法，如时间和日期的操作
14	android.webkit	默认浏览器操作接口
15	android.widget	包含各种 UI 元素（大部分是可见），在应用程序的布局中使用

3）Android 具有的特点

开放性：Android 提倡的是建立一个标准化、开放式的移动软件平台，所以 Android 操作系统是直接建立在开放源代码的 Linux 操作系统上进行开发的，这样使得更多生产厂商加入 Android 开发阵营，也有更多的 Android 开发者投入 Android 的应用程序开发中。

平等性：在 Android 操作系统上，所有的应用程序（自带的+开发的）都可以根据用户的喜好任意替换。

无界性：在多个应用程序之间，所有的程序都可以方便地进行互访，开发人员可以将自己的程序与其他车型进程交互，如 Android 提供的通讯录功能，开发人员可以直接调用通讯录的程序代码，并在自己的应用程序上使用。

方便性：Android 使用 Java 作为开发语言，在 Android 操作系统中，为用户提供了大量的应用程序组件（如谷歌地图、图形界面等），用户之间在这些组件的基础上构建自己的开发程序即可。

硬件的丰富性：由于平台开放，所以有更多的移动设备厂商根据自己的情况推出了各式各样的 Android 移动设备，虽然硬件上有一些差异，但是这些差异并不会影响数据的同步与软件的兼容性。

4）Dalvik 虚拟机

虽然 Android 程序是用 Java 语言编写的，但是 Android 程序是运行在 Dalvik 虚拟机中的。Dalvik 是 Google 公司自己设计用于 Android 平台的虚拟机，它可以简单地完成进程隔离和线程管理，并且可以提高内存的使用效率。

知识巩固

【单选题】Android 底层是基于（ ）操作系统。

A．Linux B．Windows C．Mac OS D．Java

正确答案：A

【单选题】Android 应用开发最常用的开发语言有（ ）。

A．PHP B．Python C．Java D．C++

正确答案：C

【单选题】Android 开发环境中的 Android SDK 是指（ ）。

A．Android 虚拟机 B．Android 软件开发包

C．Java 虚拟机 D．Java 运行时

正确答案：B

【单选题】Android 开发环境中的 JDK 是指（ ）。

A．Java 开发包 B．Java 编译器

C．Java 运行时 D．Java 解释器

正确答案：A

【多选题】Android 的体系结构包括（ ）层。

A．应用程序框架层（Application Framework）

B．Linux 内核层（Linux Kernel）

C．应用程序层（Application）

D．系统运行库（Libraries）

正确答案：ABCD

【多选题】当前智能手机最主流的两个操作系统是（ ）。

A．Android B．Symbian

C．Palm D．IOS

正确答案：AD

【多选题】5G 有（ ）组网模式。

A．TD-LTE B．独立组网（SA）

C．FDD-LTE D．非独立组网（NSA）

正确答案：BD

项目一　系统开发环境搭建

工作任务单

《Android 移动开发项目式教程》工作任务单

工作任务			
小组名称		工作成员	
工作时间		完成总时间	
工作任务描述			
小组分工	姓名		工作任务
任务执行结果记录			
序号	工作内容	完成情况	操作员
任务实施过程记录			
验收评定		验收人签字	

任务 2 安装 Android 的运行环境

任务描述

古人云：工欲善其事，必先利其器。在进行 Android 项目开发和设计之前，必须先要搭建一个易于开发的环境，本任务就来学习安装 Android 的运行环境。

任务分析

Android Studio 是一个基于 IntelliJ IDEA 的 Android 集成开发工具，目前很多开源项目都已经采用。只需要去官方网站下载 Android Studio 并根据提示进行安装即可。

知识要点

Android Studio VS Eclipse 的特点如下：

（1）Google 推出的

毫无疑问，这个是它的最大优势，Android Studio 是 Google 推出，为 Android "量身订做"的。

（2）速度更快

Eclipse 的启动速度、响应速度、内存占用一直被用户所诟病，而且经常遇到卡死状态。Studio 不管哪一个方面都全面领先 Eclipse。

（3）UI 更漂亮

Android Studio 自带的 Darcula 主题的炫酷黑界面看起来比较高端大气。

（4）更加智能

提示补全对于开发来说意义重大，Android Studio 则更加智能，可以智能保存，熟悉软件后效率会大大提升。

（5）整合了 Gradle 构建工具

Gradle 是一个新的构建工具，Gradle 集合了 Ant 和 Maven 的优点，配置、编译、打包都非常棒。

（6）强大的 UI 编辑器

Android Studio 的编辑器非常智能，除了吸收 Eclipse + ADT 的优点外，还自带了多设备的实时预览。

（7）内置终端

Android Studio 内置终端，对于习惯命令行操作的人来说不用来回切换了。

（8）更完善的插件系统

Studio 下支持各种插件，如 Git、Markdown、Gradle 等，想要什么插件，直接搜索下载即可。

（9）完美整合版本控制系统

安装的时候就自带了如 GitHub、Git、SVN 等流行的版本控制系统，可以直接 check out 相关项目。

任务实施

Android Studio 的安装步骤如下：

步骤一：双击安装包开始安装，单击"Next"按钮，如图 1-2 所示。

图 1-2　安装步骤（1）

步骤二：单击"Next"按钮，选择"Android Virtual Device"，这是 AS 自带的模拟器，模拟运行 APK，单击"Next"按钮，如图 1-3 所示。

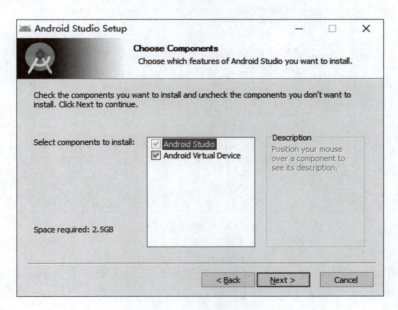

图 1-3　安装步骤（2）

步骤三：选择恰当的安装路径，单击"Next"按钮，如图1-4所示。

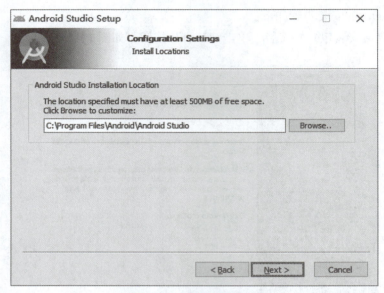

图1-4　安装步骤（3）

步骤四：单击"Install"按钮继续安装，如图1-5所示。

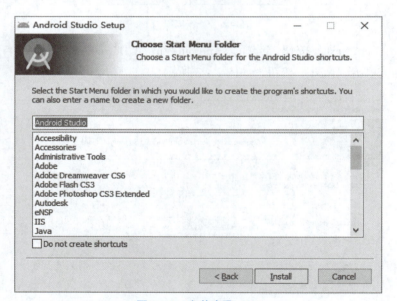

图1-5　安装步骤（4）

步骤五：完成安装，如图1-6所示。

步骤六：单击"Finish"按钮，如图1-7所示。这时会提示是否导入配置，因为第一次安装，不需要导入，选择"Do not import settings"，然后单击"OK"按钮，如图1-8所示。

项目一 系统开发环境搭建

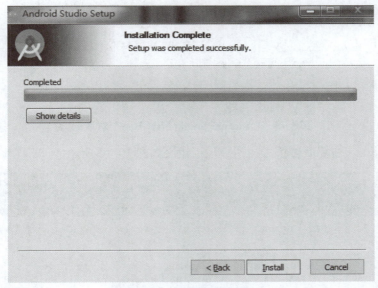

图1-6 安装步骤（5）

图1-7 安装步骤（6）

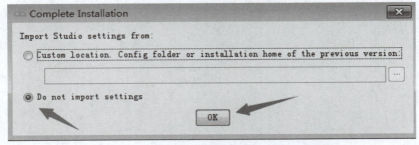

图1-8 "Complete Installation"对话框

如果出现如图1-9所示对话框，单击"Cancel"按钮。

图1-9 "Android Studio First Run"对话框

步骤七：进入欢迎界面，单击"Next"按钮，如图1-10所示。

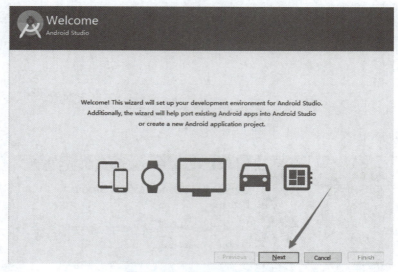

图1-10 "Welcome"页面

步骤八：初学者选择默认的比较好，即选择"Standard"，再单击"Next"按钮，如图1-11所示。

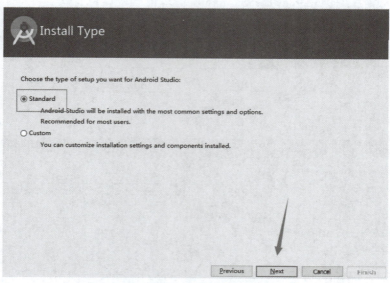

图1-11 "Install Type"页面

步骤九：选择 UI 主题，单击"Next"按钮，如图 1-12 所示。

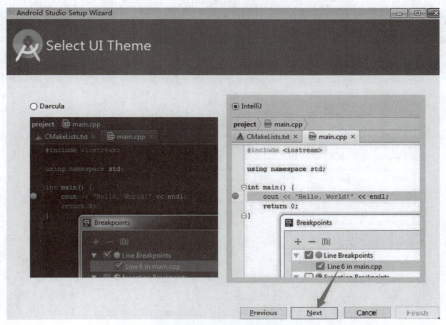

图 1-12 "Select UI Theme"页面

步骤十：安装界面提示即将下载 SDK 相关组件，单击"Finish"按钮，如图 1-13 所示。等待下载完即可，第一次下载需要等待一些时间，单击"Finish"按钮，如图 1-14 所示。

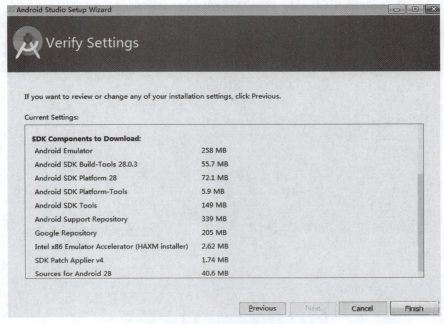

图 1-13 "Verify Settings"页面

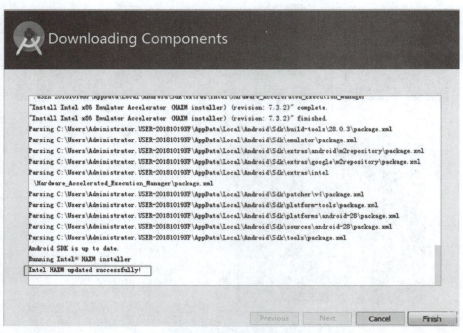

图 1－14 "Downloading Components" 页面

步骤十一：第一次安装成功后，需要下载 SDK。现在下载 API 为 28 的 Android 9.0 的 SDK，单击"Configure"，然后选择"SDK Manager"，如图 1－15 所示。打开下载界面后，勾选"Android 9.0"，单击"Apply"按钮，再单击"OK"按钮，等待下载完成即可，如图 1－16 所示。

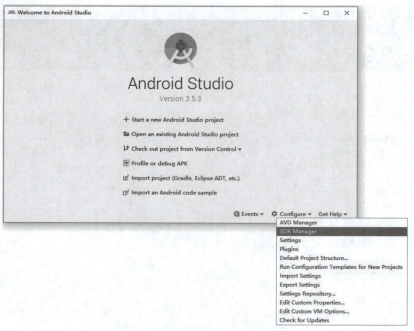

图 1－15 "Welcome to Android Studio" 页面

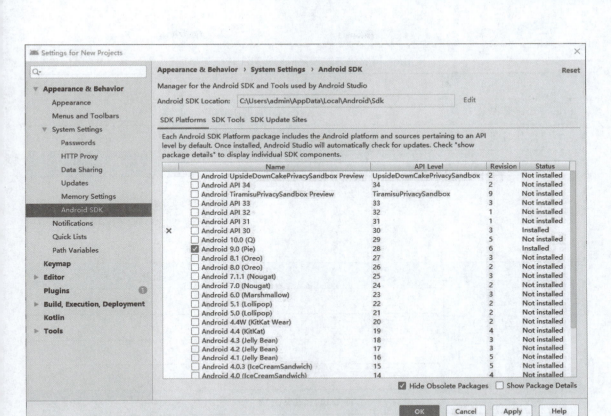

图 1-16 "Settings for New Projects"页面

安装 SDK 的过程中需要同意协议，选择"Accept"，再单击"Next"按钮，等待下载完成，单击"Finish"按钮，再单击"OK"按钮。这样就能看到图 1-16 中的 Status 值从"Not installed"转变成"Installed"。

知识巩固

【多选题】开发 Android 可以使用两种语言，分别是（　　）。

A. Java　　　　　　　　　　　B. C

C. Kotlin　　　　　　　　　　D. C++

正确答案：AC

【多选题】在开发或调试 Android 应用程序时，可以使用（　　）调试。

A. 模拟器　　　　　　　　　　B. 智能手机

C. 平板　　　　　　　　　　　D. 手机

正确答案：ABCD

【判断题】在开发 Android 应用程序时，模拟器不能完全代替真机。（　　）

正确答案：√

工作任务单

《Android 移动开发项目式教程》工作任务单

工作任务			
小组名称		工作成员	
工作时间		完成总时间	
工作任务描述			

小组分工	姓名	工作任务

任务执行结果记录			
序号	工作内容	完成情况	操作员

任务实施过程记录

验收评定		验收人签字	

任务3 编写社会主义核心价值观 APP 程序

任务描述

安装好 Android 运行环境之后，尝试编写第一个 Android 程序。程序包含背景图片，并有文字显示：社会主义核心价值观。根据图像调整横版和竖版设计，如图 1-17 所示。

图 1-17　第一个 APP 程序

任务分析

开发此应用需要添加和编辑的文件见表 1-2。

表 1-2　操作文件列表

文件类型		文件名	操作
资源文件	布局文件	res/layout/activity_main.xml	编辑
	添加	图片资源	res/drawable/hua2.jpg

知识要点

把项目结构从 Android 模式切换到 Project 模式，可以看到如图 1-18 所示的结构情况。

（1）.gradle 和 .idle

Android Studio 会自动生成一些相关文件，具体内容这里就不做介绍了。

（2）app

项目代码和资源几乎都放在如图 1-19 所示的目录下。

①bulid：目录里主要包含编译时自动生成的一些文件。

②libs：如果项目中用到第三方的 jar 包，就需要把这些 jar 包放在 libs 目录下，这个目录下的 jar 包会自动添加进构建路径里。

③androidTest：编写 android test 测试用例的，用于进行一些自动化测试。

④java：编写 Java 程序。

⑤res：放置项目中用到的所有图片、字符串、布局资源，其中，图片放在 drawable 目录下，布局放在 layout 目录下，字符串放在 values 目录下。

图 1-18　项目目录　　　　　图 1-19　app 目录

⑥AndroidManifest.xml：整个项目的配置文件，项目中用到的所有组件都需要在这个文件下注册，此外，还可以为应用程序添加权限声明。

⑦test：在该文件下编写 unit test 测试用例。

⑧proguard-rules.pro：指定代码的混淆规则，防止代码被别人破解。

其他的目录大多无须使用，这里暂时不做介绍。

任务实施

步骤一：新建工程。

①打开 Android Studio。单击"File"菜单，选择"New"→"New Project"创建新的工程，这里选择"Empty Activity"来创建一个手机端工程，如图 1-20 所示。

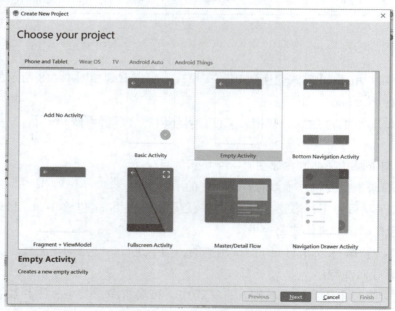

图 1-20　"Choose your project"页面

②填写应用名称、公司域名，选择语言和最低支持版本，单击"Finish"按钮，如图1-21所示。

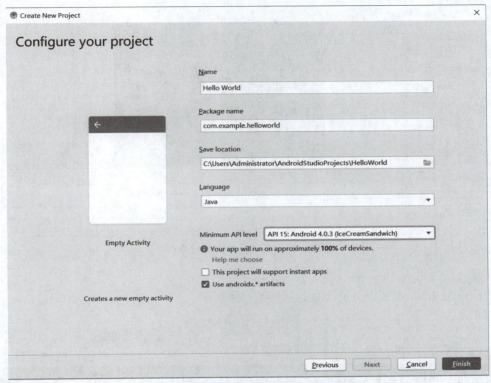

图1-21 "Configure your project"页面

③单击"Finish"按钮后，Android Studio 开始创建并编译应用，第一次可能会需要一些时间。编译结束后，就可以看到 Android Studio 的 IDE 界面了，如图1-22和图1-23所示。

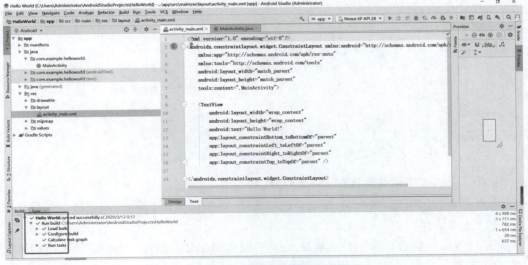

图1-22 HelloWorld 项目代码界面

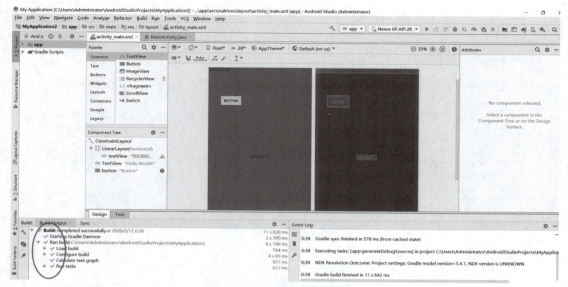

图 1-23 新建项目的设计界面

步骤二：创建 Android 模拟器。

①打开 Android 虚拟设备管理器，如图 1-24 所示。

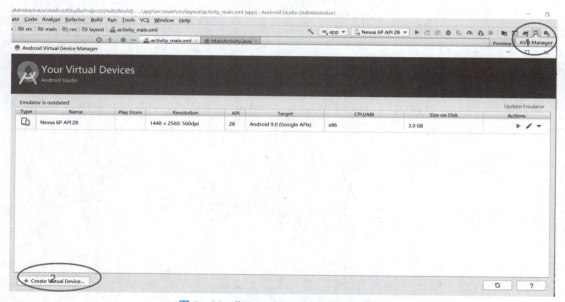

图 1-24 "Your Virtual Devices" 页面

②选择合适的虚拟设备，如图 1-25 所示。

③选择版本后，单击"Next"按钮，这里选择 Android 9.0（前面已下载），其他版本需要下载后才可以选择，如图 1-26 所示。

④填写 AVD 设备的名称，最后确认一遍模拟器的配置，单击"Finish"按钮即可，如图 1-27 所示。

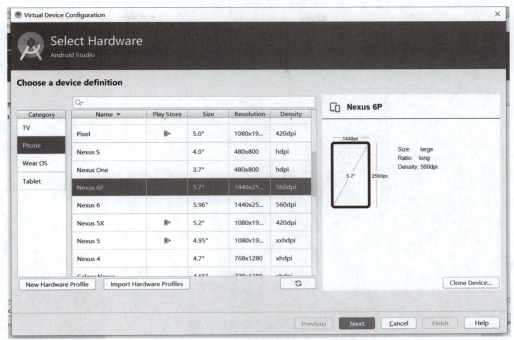

图1-25 "Select Hardware"页面

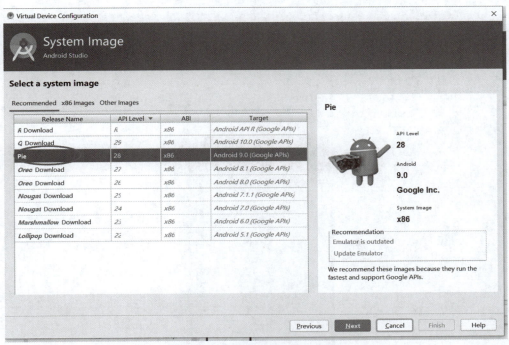

图1-26 "System Image"页面

⑤模拟器创建完成后,单击"Run"图标,即可启动模拟器并将编译好的APP安装到模拟器,如图1-28所示。

在模拟器上的运行效果如图1-29所示。

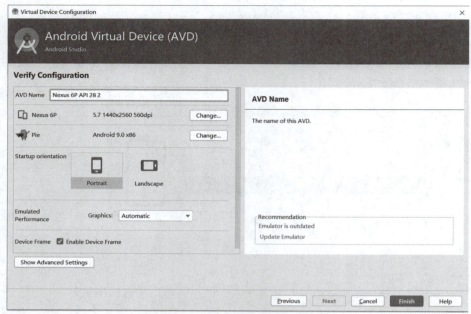

图1－27 "Android Virtual Device"页面

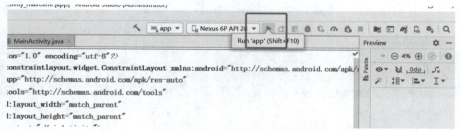

图1－28 运行

图1－29 运行效果

步骤三：添加图片资源文件。

将确定好的图片复制到图片文件夹 res/drawable 下即可。

步骤四：修改 activity_main.xml 布局文件。

打开 activity_main.xml 布局文件，重新编写布局文件的内容，如图 1-30 所示。根元素采用线性布局，在线性布局中的第 5 行设置图像背景的添加；第 6 行定义线性布局的垂直排列的顺序，文本组件位于线性布局中；关键行是 12～15 行，其中，第 12 行设定文本在中央位置，第 13 行设定显示内容，第 14 行设定文本显示颜色，第 15 行设定文本大小，这些都是根据文本控件的特点为其设置相应的属性。

```
1  <?xml version="1.0" encoding="utf-8"?>
2  <LinearLayout xmlns:android="http://schemas.android.com/apk/res/android"
3      android:layout_width="match_parent"
4      android:layout_height="match_parent"
5      android:background="@drawable/hua2"
6      android:orientation="vertical" >
7
8      <TextView
9          android:id="@+id/textView"
10         android:layout_width="match_parent"
11         android:layout_height="match_parent"
12         android:gravity="center_vertical|center_horizontal"
13         android:text="社会主义核心价值观"
14         android:textColor="@android:color/holo_red_light"
15         android:textSize="40dp" />
16
17 </LinearLayout>
```

图 1-30　重新编写布局文件的内容

步骤五：真机调试。

在 Android 开发时，模拟器并不是所有功能都能支持，比如扫码、WiFi 文件传输等。需要连接真机来调试，以华为手机为例进行说明。

- 使用数据线连接电脑和手机。
- 如果有 USB 连接方式弹窗，选择"传输文件"选项。
- 单击"设置"→"系统和更新"→"开发人员选项"，单击"USB 调试"开启调试模式，在 Android Studio 就可以看到连接的手机型号了。
- 有时在"系统和更新"页面没有发现"开发者选项"，是因为关闭了开发者模式，需要重新去开启。单击"设置"→"关于手机"，连续单击"版本号"项，则开启了开发者模式（如果设置有密码，输入密码）。重新进入"系统和更新"页面，就可以看到"开发者选项"了，如图 1-31 所示。

真机连接成功后，再单击"运行程序"，就会看到连接的手机型号，选择即可将程序安装到真实手机上进行调试，如图 1-32 所示。

图 1－31　手机真机调试界面

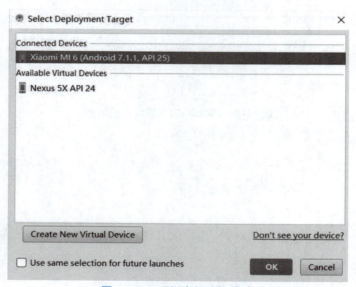

图 1－32　手机真机连接成功

知识巩固

【填空题】Android 程序入口的 Activity 是在_____文件中注册的。

正确答案：AndroidManifest.xml

【多选题】Android 支持的尺寸单位有（　　）。

A. px　　　　　　B. dp　　　　　　C. sp　　　　　　D. in　　　　　　E. pt

正确答案：ABCDE

项目一　系统开发环境搭建

工作任务单

《Android 移动开发项目式教程》工作任务单

工作任务			
小组名称		工作成员	
工作时间		完成总时间	
工作任务描述			
小组分工	姓名		工作任务
任务执行结果记录			
序号	工作内容	完成情况	操作员
任务实施过程记录			
验收评定		验收人签字	

教学评价

亲爱的同学，本项目学习结束了，感谢你始终如一地努力学习和积极配合。为了能使我们不断做出改进，提高教学效果，我们很乐意了解你对本项目学习的真实想法。所搜集的数据我们都将保密并采用不记名的方式。有些问题只需要做出选择，有些问题以几个关键字给出简单的回答即可。

项目名称：				
上课时间：	很满意	满意	一般	不满意
一、项目教学组织评价				
1. 你对课程教学秩序是否满意	☐	☐	☐	☐
2. 你对实训室的环境卫生状况是否满意	☐	☐	☐	☐
3. 你对课堂整体纪律表现是否满意	☐	☐	☐	☐
4. 你对你们小组的总体表现是否满意	☐	☐	☐	☐
5. 你对这种教学模式是否满意	☐	☐	☐	☐
二、授课教师评价				
教师组织授课通俗易懂、结构清晰	☐	☐	☐	☐
教师能认真指导学生、因材施教	☐	☐	☐	☐
教师非常关注学生的学习效果	☐	☐	☐	☐
理论和实践的比例安排合理	☐	☐	☐	☐
三、授课内容评价				
课程内容是否适合你的水平	☐	☐	☐	☐
授课中使用的各种学习资料和在线资源是否满意	☐	☐	☐	☐

（教师姓名：）

请回答下列问题：

1. 在教学组织方面，哪些还需要进一步改进？

2. 哪些授课内容你比较满意？哪些方面还需要进一步改进？

3. 哪些授课内容你不感兴趣？为什么？

项目二

Android常用UI界面布局

项目介绍：

UI（User Interface）是指对软件的人机交互、操作逻辑、界面美观的整体设计。好的UI设计不仅是让软件变得有个性、有品位，还要让软件的操作变得舒适、简单、自由、充分体现软件的定位和特点。界面简介、美观直接影响用户的第一印象，因此，开发一个整齐、美观的界面至关重要。本项目将详细讲解Android常用UI界面布局的相关知识。

知识图谱：

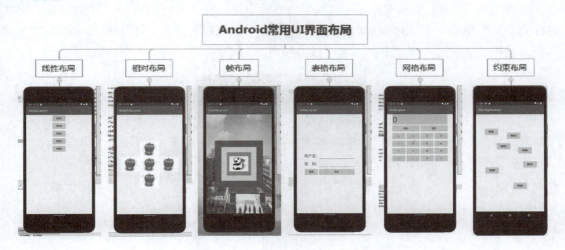

学习目标：

1. 素质目标

通过精美界面布局的赏析，提升学生的审美、设计素质，开拓学生的视野。

2. 知识目标

掌握线性布局的使用；掌握相对布局的使用；掌握帧布局的使用；掌握表格布局的使用；掌握网格布局的使用；掌握约束布局的使用。

3. 能力目标

在完成线性布局、相对布局、帧布局、表格布局、网格布局和约束布局等基础知识学习的条件下，利用Android集成开发工具Android Studio完成UI界面布局的开发，提高UI界面布局的设计及开发的能力。

1+X 证书考点：

工作领域	工作任务	专业技能要求	课程内容
2. 安卓应用程序开发	2.1 界面编程	2.1.3 能够掌握安卓主要的布局管理器的区别和特点，能使用不同布局来达到业务需要的 UI 效果	任务1：线性布局 任务2：相对布局 任务3：帧布局 任务4：表格布局 任务5：网格布局 任务6：约束布局

任务1　线性布局

任务描述

线性布局（Linear Layout）是一种重要的界面布局，它将自己包含的子元素按照一个方向排列。下面创建一个 Android 应用程序，顺序显示 5 个按钮控件；布局的方向和对齐方式不同，其控件放置的效果也不同。运行效果如图 2-1 所示。

图 2-1　线性布局效果图

项目二 Android 常用 UI 界面布局

任务分析

开发此应用需要编辑的文件见表 2-1。

表 2-1 线性布局操作的文件列表

文件类型		文件名	操作
资源文件	字符串资源文件	res/values/strings.xml	编辑
	布局文件	res/layout/activity_main.xml	编辑

知识要点

1. 特点

线性布局在实际开发中比较常用，它是将放入其中的控件按照水平或垂直方向来进行布局，也就是说，控件是按照水平方向排列或是按照垂直方向排列。当控件水平方向排列时，显示顺序依次为从左到右；当控件垂直方向排列时，显示顺序依次为从上到下。在线性布局中，每一行（垂直排列）或是每一列（水平排列）中只能排放一个控件，并且不会换行，当控件排满边缘后，后面的控件将不再被显示出来。

2. 使用位置

在 XML 布局文件中，使用 <LinearLayout> 标签对线性布局进行定义，其基本的语法格式为：

```
<LinearLayout
    属性列表>
</LinearLayout>
```

3. 常用属性与相关方法（表 2-2）

表 2-2 线性布局支持的 XML 属性与相关方法

XML 属性	说明
android:orientation	设置线性布局内控件的排列方式，可选属性值有 horizontal（默认）和 vertical。horizontal 表示控件水平方向排列，vertical 表示控件垂直方向排列
android:gravity	设置线性布局内控件的对齐方式，可选属性值有 top、bottom、left、right、center_vertical、center_horizontal、center、fill_vertical、fill_horizontal、fill、clip_horizontal、clip_vertical，该属性支持多个属性值，各属性值间用竖线分割，不可有空格
android:layout_width	设置控件的宽度，可选属性值有 match_parent 和 wrap_content。match_parent 表示控件的宽度与父容器宽度一样，wrap_content 表示控件的宽度恰好可以包裹其显示内容

·31·

续表

XML 属性	说明
android:layout_height	设置控件的高度，可选属性值有 match_parent 和 wrap_content。match_parent 表示控件的高度与父容器高度一样，wrap_content 表示控件的高度恰好可以包裹其显示内容
android:id	为布局管理器和控件指定一个 id 编号，该属性作为布局管理器和控件的唯一标识，在编写程序时非常重要
android:background	设置控件的背景，背景可以是图片或是颜色。 将背景设置为图片时，必须将背景图片复制到 Android 的图片目录下，使用方法如下： 　　android:background = "@drawable/ background" 将背景设置为颜色时，可以使用颜色的十六进制作为属性值，使用方法如下： 　　android:background = "#FFFFFFFF"

任务实施

步骤一：字符串资源文件 strings.xml 的实现。

打开 strings.xml 文件，在 \<resource\> 标签中添加 5 个字符串 \<string\> 标签，完整代码详见文件 2 - 1。

```
<resources>
    <string name = "app_name">LinearLayout</string>
    <string name = "btn1">按钮 1</string>
    <string name = "btn2">按钮 2</string>
    <string name = "btn3">按钮 3</string>
    <string name = "btn4">按钮 4</string>
    <string name = "btn5">按钮 5</string>
</resources>
```

步骤二：布局文件 activity_main.xml 的实现。

打开 activity_main.xml，将布局改为垂直的线性布局，然后在里面添加 5 个按钮。完整代码详见文件 2 - 2。

```
<?xml version = "1.0" encoding = "utf-8"?>
<LinearLayout xmlns:android = "http://schemas.android.com/apk/res/android"
    android:layout_width = "match_parent"
    android:layout_height = "match_parent"
```

```xml
    android:orientation = "vertical"
    android:gravity = "center_horizontal" >
    <Button
        android:id = "@+id/btn1"
        android:layout_width = "wrap_content"
        android:layout_height = "wrap_content"
        android:text = "@string/btn1" />
    <Button
        android:id = "@+id/btn2"
        android:layout_width = "wrap_content"
        android:layout_height = "wrap_content"
        android:text = "@string/btn2" />
    <Button
        android:id = "@+id/btn3"
        android:layout_width = "wrap_content"
        android:layout_height = "wrap_content"
        android:text = "@string/btn3" />
    <Button
        android:id = "@+id/btn4"
        android:layout_width = "wrap_content"
        android:layout_height = "wrap_content"
        android:text = "@string/btn4" />
    <Button
        android:id = "@+id/btn5"
        android:layout_width = "wrap_content"
        android:layout_height = "wrap_content"
        android:text = "@string/btn5" />
</LinearLayout>
```

知识巩固

1. Android UI 开发中，设置线性布局为垂直显示需修改的属性值为（   ）。

　　A. android:orientation = "vertical"

　　B. android:orientation = "horizontal"

　　C. android:layout_centerHorizontal = "true"

　　D. android:layout_centerVertical = "true"

2. 在线性布局中，当控件水平排列时，控件属性 layout_width 为包裹内容的属性值为（   ）。

　　A. match_parent   B. wrap_content

　　C. fill_parent   D. 以上都可以

3. 修改 android:gravity 的属性值，观察控件对齐情况。

4. 谈一谈 android:gravity 与 android:layout_gravity 的区别。

工作任务单

《Android 移动开发项目式教程》工作任务单

工作任务			
小组名称		工作成员	
工作时间		完成总时间	
工作任务描述			

小组分工	姓名	工作任务

任务执行结果记录			
序号	工作内容	完成情况	操作员

任务实施过程记录

验收评定		验收人签字	

项目二　Android 常用 UI 界面布局

任务 2　相对布局

任务描述

相对布局（Relative Layout）是一种非常灵活的布局方式，能够通过指定界面元素与其他元素的相对位置关系，确定界面所有元素的布局位置，比较适合一些复杂界面的布局。应用相对布局，实现在手机屏幕上显示梅花布局效果，如图 2-2 所示。

图 2-2　相对布局界面效果图

任务分析

开发此应用需要添加和编辑的文件见表 2-3。

表 2-3　相对布局界面操作的文件

文件类型		文件名	操作
资源文件	图片资源	res/drawable/caomei.jpg	添加
	布局文件	res/layout/activity_main.xml	编辑

知识要点

1. 特点

相对布局是按照控件之间的相对位置来进行布局，比如，某一个控件在另一个控件的左边、右边、上方或下方等。相对布局内控件的位置总是相对兄弟控件、父容器来决定的。

　　Android 规定：如果 A 控件的位置是由 B 控件的位置来决定的，Android 要求先定义 B 控件，再定义 A 控件。

2. 使用位置

①在 XML 布局文件中，使用＜RelativeLayout＞标签对相对布局进行定义，其基本的语法格式为：

```
<RelativeLayout
属性列表>
</RelativeLayout>
```

②在 Java 程序代码中，使用 RelativeLayout 类创建相对布局，其基本的定义格式为：

```
RelativeLayout mylayout = new RelativeLayout();
```

3. 相对布局常用属性及说明

在相对布局中，大量 XML 属性可以很好地来控制相对布局容器中各控件的分布方式。相对布局中的常用属性见表 2-4。

表 2-4　相对布局支持的 XML 属性表

XML 属性	说明
根据父容器定位	
android:layout_centerHorizontal	控制该子控件是否位于布局容器的水平居中位置
android:layout_centerVertical	控制该子控件是否位于布局容器的垂直居中位置
android:layout_centerInParent	控制该子控件是否位于布局容器的中央位置
android:layout_alignParentBottom	控制该子控件是否与布局容器底端对齐
android:layout_alignParentLeft	控制该子控件是否与布局容器左端对齐
android:layout_alignParentRight	控制该子控件是否与布局容器右端对齐
android:layout_alignParentTop	控制该子控件是否与布局容器顶端对齐
根据兄弟组件定位	
android:layout_toRightOf	控制该子控件位于给出 ID 控件的右侧
android:layout_toLeftOf	控制该子控件位于给出 ID 控件的左侧
android:layout_above	控制该子控件位于给出 ID 控件的上方
android:layout_below	控制该子控件位于给出 ID 控件的下方
android:layout_alignTop	控制该子控件于给出 ID 控件的上边界对齐

续表

XML 属性	说明
根据兄弟组件定位	
android:layout_alignBottom	控制该子控件于给出 ID 控件的下边界对齐
android:layout_alignLeft	控制该子控件于给出 ID 控件的左边界对齐
android:layout_alignRight	控制该子控件于给出 ID 控件的右边界对齐

任务实施

步骤一：把一个控件放在相对布局容器的中间。

```
<TextView
        android:id = "@ + id/view01"
        android:layout_width = "wrap_content"
        android:layout_height = "wrap_content"
        android:layout_centerInParent = "true"
        android:background = "@drawable/caomei" />
```

步骤二：将其他控件分布在中心控件的四周。

```
<?xml version = "1.0" encoding = "utf - 8"?>
<RelativeLayout xmlns:android = "http://schemas.android.com/apk/res/android"
    android:layout_width = "match_parent"
    android:layout_height = "match_parent" >
    <!-- 定义该控件位于父容器中间 -->
    <TextView
        android:id = "@ + id/view01"
        android:layout_width = "wrap_content"
        android:layout_height = "wrap_content"
        android:layout_centerInParent = "true"
        android:background = "@drawable/caomei" />
    <!-- 定义位于 view01 上方的控件 -->
    <TextView
        android:id = "@ + id/view02"
        android:layout_width = "wrap_content"
        android:layout_height = "wrap_content"
        android:layout_above = "@ id/view01"
        android:layout_alignLeft = "@ id/view01"
        android:background = "@drawable/caomei" />
    <!-- 定义位于 view01 左方的控件 -->
    <TextView
        android:id = "@ + id/view03"
        android:layout_width = "wrap_content"
        android:layout_height = "wrap_content"
        android:layout_alignTop = "@ id/view01"
```

```xml
        android:layout_toLeftOf = "@id/view01"
        android:background = "@drawable/caomei" />
<!-- 定义位于 view01 右方的控件 -->
<TextView
        android:id = "@+id/view04"
        android:layout_width = "wrap_content"
        android:layout_height = "wrap_content"
        android:layout_alignTop = "@id/view01"
        android:layout_toRightOf = "@id/view01"
        android:background = "@drawable/caomei" />
<!-- 定义位于 view01 下方的控件 -->
<TextView
        android:id = "@+id/view05"
        android:layout_width = "wrap_content"
        android:layout_height = "wrap_content"
        android:layout_below = "@id/view01"
        android:layout_alignLeft = "@id/view01"
        android:background = "@drawable/caomei" />
</RelativeLayout>
```

知识巩固

1. Android 相对布局中，要使 A 控件在 B 控件的下方，A 控件需添加的属性是（　　）。

   A. android:layout_above   B. android:layout_alignBaseline

   C. android:layout_below   D. android:layout_alignBottom

2. Android 相对布局中，使控件相对父控件底部对齐使用的属性是（　　）。

   A. android:layout_alignParentBottom   B. android:layout_alignBottom

   C. android:layout_alignBaseline   D. android:layout_alignParentTop

工作任务单

《Android 移动开发项目式教程》工作任务单

工作任务			
小组名称		工作成员	
工作时间		完成总时间	
工作任务描述			

项目二 Android 常用 UI 界面布局

续表

小组分工	姓名	工作任务

任务执行结果记录			
序号	工作内容	完成情况	操作员

任务实施过程记录

验收评定		验收人签字	

任务3 帧布局

任务描述

帧布局（Frame Layout）应该是 Android 常用 UI 布局里面最简单的一种，顾名思义，它的布局方式就是将 View 一帧一帧地叠加到一起，有点类似于 Photoshop 里面图层的概念。应用帧布局居中显示层叠的正方形的效果如图 2-3 所示。

图 2-3 帧布局界面效果图

任务分析

界面是一个层叠设置,可以选择帧布局来控制控件的放置,共 3 层,还有一个前景图片。由于是一层覆盖一层,大的放在下方,小的放置在上方。

开发此应用需要添加和编辑的文件见表 2-5。

表 2-5 帧布局界面操作的文件列表

文件类型		文件名	操作
资源文件	图片资源	res/drawable/background.jpg、img04.png	添加
	布局文件	res/layout/activity_main.xml	编辑

知识要点

1. 特点

在帧布局中,每加入一个控件,都将创建一个空白的空间,通常称为一帧。这些帧都会根据 gravity 属性执行自动对齐。默认情况下,帧布局从屏幕的左上角(0,0)坐标开始布局,后面的控件将覆盖前面的控件。

2. 使用位置

①在 XML 布局文件中,使用 < FrameLayout > 标签对帧布局进行定义,其基本的语法格

项目二　Android 常用 UI 界面布局

式为：

```
<FrameLayout
    属性列表>
</FrameLayout>
```

②在 Java 程序代码中，使用 FrameLayout 类创建帧布局，其基本的定义格式为：

```
FrameLayout mylayout = new FrameLayout();
```

备注：帧布局经常在游戏开发中应用，用于开发自定义 View 控件。

3. 常用属性与相关方法（表2-6）

表2-6　帧布局支持的 XML 属性与相关方法

XML 属性	相关方法	说明
android:foreground	setForeground(Drawable)	设置帧布局的前景图像（始终在所有子控件之上）
android:foregroundGravity	setForegroundGravity(int)	设置前景图像的对齐属性

任务实施

步骤：布局文件 activity_main.xml 的实现。

定义一个帧布局管理器，在其中放置3个文本视图，定义文本视图的具体宽度、高度、背景颜色和对齐方式。

```xml
<?xml version = "1.0" encoding = "utf-8"?>
<FrameLayout
    xmlns:android = "http://schemas.android.com/apk/res/android"
    android:id = "@+id/frameLayout"
    android:layout_width = "match_parent"
    android:layout_height = "match_parent"
    android:background = "@drawable/background"
    android:foreground = "@drawable/img04"
    android:foregroundGravity = "center" >
    <!-- 第1层:添加居中显示的红色背景的 TextVIew,最下层 -->
    <TextView
        android:id = "@+id/textView1"
        android:layout_width = "300dp"
        android:layout_height = "300dp"
        android:layout_gravity = "center"
        android:background = "#ff0000" />
    <!-- 第2层:添加居中显示的橙色背景的 TextVIew,中间层 -->
    <TextView
        android:id = "@+id/textView2"
        android:layout_width = "220dp"
```

```
            android:layout_height = "220dp"
            android:layout_gravity = "center"
            android:background = "#ffff00"/>
    <!-- 第3层:添加居中显示的黄色背景的TextVIew,上层 -->
    <TextView
            android:id = "@+id/textView3"
            android:layout_width = "150dp"
            android:layout_height = "150dp"
            android:layout_gravity = "center"
            android:background = "#00ff00"/>
</FrameLayout >
```

知识巩固

1. 下面说法错误的是（　　）。

A. FrameLayout（帧布局）是一块在屏幕上提前预定好的空白区域，可以填充一些 View 元素到里面

B. RelativeLayout（相对布局）是按照相对位置来布局

C. LinearLayout（线性布局）是按照横或竖的线性排列布局

D. FrameLayout（帧布局）是以表格的形式布局

2. Android UI 开发中，帧布局中的子控件都是（　　）对齐的。

A. 右上角　　　　B. 左上角　　　　C. 左下角　　　　D. 右下角

3. 应用帧布局实现图 2-4 所示的显示效果。

图 2-4　帧布局实现效果图

项目二　Android 常用 UI 界面布局

工作任务单

《Android 移动开发项目式教程》工作任务单

工作任务			
小组名称		工作成员	
工作时间		完成总时间	
工作任务描述			
小组分工	姓名	工作任务	
任务执行结果记录			
序号	工作内容	完成情况	操作员
任务实施过程记录			
验收评定		验收人签字	

任务 4　表格布局

任务描述

所有 APP 都有登录页，但是不同类型的 APP 都有不同的风格，那么如何为 APP 设计合适的登录页呢？通过研究大量 APP 之后，大致如下：

1. 留白设计

白色简洁风格是目前较为常见的样式,整个界面以简洁设计为主。背景纯白色,把其余元素放置在界面中央,进行留白处理,使整个界面充满空间感。在设计上主要以展示信息为主,让用户专注于品牌和登录路径。

2. 轻装饰背景

轻装饰背景就是在简洁风格的基础上添加一些品牌/产品装饰元素,在不影响信息的录入的同时,使界面的细节展示更为丰富。轻装饰背景设计,一是可以传递品牌感,二是可以渲染产品行业属性特征,同时,可以增强界面的视觉冲击力和氛围渲染力。

3. 纯色背景

纯色背景在使用时往往采用品牌色来支撑画面,搭配 Logo 进行设计。整个界面简洁直观,且容易被用户感知,而且能够传递品牌信息与产品信息。需要注意的是,该方式多用在登录信息简单,或者以第三方登录为主的界面中。

4. 图片背景

图片背景与纯色背景相比,其优势是图片更容易吸引人的注意力,更容易传递情感,引起用户共鸣,也比较让用户感知产品的用途,强化了品牌的行业属性。大多用于垂直类的 APP 中。

5. 插画背景

插画背景可以根据自身产品特征进行插画设计,在进行插画设计时,加入品牌识别元素,或者和品牌相关的元素,让界面具有可识别性、趣味性。

应用表格布局,使用留白设计实现用户登录界面,如图 2-5 所示。

图 2-5 表格布局界面效果图

任务分析

①采用表格布局;
②共设置3行,每行4列;
③第1列和第4列允许拉伸,目的是让有效内容居中显示,详细设计见表2-7。
注意:实际使用时,列号从0开始,列号为0代表的是第1列。

表2-7 activity_main.xml 的设计表

行列	第1列	第2列	第3列	第4列
第1行	文本视图:不显示内容	文本视图:显示"用户名"	编辑:输入文本	文本视图:不显示内容
第2行	文本视图:不显示内容	文本视图:显示"密码"	编辑:输入文本	文本视图:不显示内容
第3行	文本视图:不显示内容	按钮控件:登录	按钮控件:退出	文本视图:不显示内容

知识要点

1. 特点

表格布局(Table Layout)是以表格形式排列控件的,通过行和列的形式来管理放入其中的控件。在表格布局中,可以添加多个<TableRow>标签,每个<TableRow>标签占用一行。在<TableRow>标签中添加其他控件,每添加一个控件,表格就会增加一列。在表格布局中,列可以被隐藏,也可以被伸展,从而填充可利用的屏幕空间,还可以设置为强制收缩,直到表格匹配屏幕大小。

如果直接向<TableLayout>标签中添加控件,则该控件将直接占用一行。

列的宽度由该列中最宽的那个单元格决定,整个表格的宽度取决于父容器的宽度(默认占满父容器本身)。

2. 使用位置

在XML布局文件中,使用<TableLayout>标签对表格布局进行定义,其基本的语法格式为:

```
<TableLayout
    属性列表>
</TableLayout>
```

3. 常用属性与相关方法（表2-8）

表2-8　表格布局支持的 XML 属性与相关方法

XML 属性	相关方法	说明
android:collapseColumns	setColumnCollapsed（int,boolean）	设置需要被隐藏的列的列号（列号从0开始），多个列号之间用逗号分隔。例如：android:collapseColumns = "0" 表示第1列被隐藏
android:shrinkColumns	setShrinkAllColumns（boolean）	设置需要被收缩的列的列号（列号从0开始），多个列号之间用逗号分隔。例如：android:shrinkColumns = "1,2" 表示第2、3列被收缩
android:stretchColumns	setStretchAllColumns（boolean）	设置需要被拉伸的列的列号（列号从0开始），多个列号之间用逗号分隔。例如：android:stretchColumns = "0" 表示第1列被拉伸

任务实施

步骤一：需要添加和编辑的文件。

开发此应用需要添加和编辑的文件见表2-9。

表2-9　表格布局界面操作的文件列表

文件类型		文件名	操作
资源文件	图片资源	res/drawable/background.jpg	添加
	布局文件	res/layout/activity_main.xml	编辑

步骤二：布局文件 activity_main.xml 的实现。

```xml
<?xml version = "1.0" encoding = "utf-8"? >
<TableLayout
xmlns:android = "http://schemas.android.com/apk/res/android"
    android:id = "@ + id/tableLayout"
    android:layout_width = "match_parent"
    android:layout_height = "match_parent"
    android:background = "@drawable/background"
    android:gravity = "center_vertical"
    android:stretchColumns = "0,3" >
```

```xml
<!-- 第1行:共列 -->
<TableRow
    android:id = "@+id/tableRow1"
    android:layout_width = "wrap_content"
    android:layout_height = "wrap_content" >
    <!-- 第1列 -->
    <TextView />
    <!-- 第2列 -->
    <TextView
        android:id = "@+id/textView1"
        android:layout_width = "wrap_content"
        android:layout_height = "wrap_content"
        android:text = "用户名:"
        android:textSize = "24dp" />
    <!-- 第3列 -->
    <EditText
        android:id = "@+id/editText1"
        android:layout_width = "wrap_content"
        android:layout_height = "wrap_content"
        android:minWidth = "600px"
        android:textSize = "24dp" />
    <!-- 第4列 -->
    <TextView />
</TableRow>

<!-- 第2行:共列 -->
<TableRow
    android:id = "@+id/tableRow2"
    android:layout_width = "wrap_content"
    android:layout_height = "wrap_content" >
    <!-- 第1列 -->
    <TextView />
    <!-- 第2列 -->
    <TextView
        android:id = "@+id/textView2"
        android:layout_width = "wrap_content"
        android:layout_height = "wrap_content"
        android:text = "密 码:"
        android:textSize = "24dp" />
    <!-- 第3列 -->
    <EditText
        android:id = "@+id/editText2"
        android:layout_width = "wrap_content"
        android:layout_height = "wrap_content"
        android:inputType = "textPassword"
        android:minWidth = "600px"
        android:textSize = "24dp" />
    <!-- 第4列 -->
```

```xml
            <TextView />
        </TableRow>

        <!-- 第3行:共列 -->
        <TableRow
            android:id = "@+id/tableRow3"
            android:layout_width = "wrap_content"
            android:layout_height = "wrap_content" >
            <!-- 第1列 -->
            <TextView />
            <!-- 第2列 -->
            <Button
                android:id = "@+id/button1"
                android:layout_width = "wrap_content"
                android:layout_height = "wrap_content"
                android:text = "登录" />
            <Button
                android:id = "@+id/button2"
                android:layout_width = "wrap_content"
                android:layout_height = "wrap_content"
                android:text = "退出" />
            <!-- 第4列 -->
            <TextView />
        </TableRow>
</TableLayout>
```

知识巩固

1. Android UI 开发中，在表格布局中设置需要被隐藏的列的序号属性是（　　）。

　　A．android:stretchColumns　　　　　　B．android:shrinkColumns

　　C．android:collapseColumns　　　　　　D．android:orientation

2. 在下列选项中，关于 <TableRow> 标签的说法，正确的是（　　）。

　　A．在 GridView 里面表示一行　　　　　B．是五种布局中的一种

　　C．是表格布局里面表示一行的标签　　　D．在 ListView 里面表示一行

3. 在表格布局中，stretchColumns 属性表示（　　）。

　　A．表格布局的列数

　　B．表格布局的行数

　　C．表格布局最多能加入的列数

　　D．拉伸指定列填充满表格布局

4. Android UI 开发中，如果表格布局的第一个 TableRow 有两个控件，第二个 TableRow 有三个控件，那么这个表格布局就有（　　）列。

　　A．1　　　　　　　B．2　　　　　　　C．3　　　　　　　D．4

项目二　Android 常用 UI 界面布局

工作任务单

《Android 移动开发项目式教程》工作任务单

工作任务				
小组名称		工作成员		
工作时间		完成总时间		
工作任务描述				
小组分工	姓名		工作任务	
任务执行结果记录				
序号	工作内容	完成情况		操作员
任务实施过程记录				
验收评定		验收人签字		

任务 5 网格布局

任务描述

网格布局（Grid Layout），顾名思义就是像网一样有一个个格子一样的布局。在一个容器里面，我们可以切割成很多行很多列，形成一个个网格，从而对这些网格进行规则性的排序，达到复杂的页面布局效果。应用网格布局实现简易计算器界面的设计，如图 2-6 所示。

图 2-6 网格布局界面效果图

任务分析

①采用网格布局；
②共设置 6 行 4 列；
③第 1 行跨 4 列，第 2 行两个按钮各跨 2 列，详细设计见表 2-10。

表 2-10 activity_main.xml 的设计表

行号	第 1 列	第 2 列	第 3 列	第 4 列
第 1 行	文本视图：0			
第 2 行	按钮控件：回退		按钮控件：清空	
第 3 行	按钮控件：+	按钮控件：1	按钮控件：2	按钮控件：3

续表

行号	第1列	第2列	第3列	第4列
第4行	按钮控件：-	按钮控件：4	按钮控件：5	按钮控件：6
第5行	按钮控件：*	按钮控件：7	按钮控件：8	按钮控件：9
第6行	按钮控件：/	按钮控件：.	按钮控件：0	按钮控件：=

知识要点

1. 特点

网格布局使用虚细线将布局划分为行、列和单元格，它与线性布局一样，也分为水平和垂直两种方式，默认是水平布局，一个控件挨着一个控件从左到右依次排列，但是通过指定 android:columnCount 设置列数的属性后，控件会自动换行进行排列。

若要指定某控件显示在固定的行或列，只需设置该子控件的 android:layout_row 和 android:layout_column 属性即可，但是需要注意：android:layout_row = "0" 表示从第一行开始，android:layout_column = "0" 表示从第一列开始。

如果需要设置某控件跨越多行或多列，只需将该子控件的 android:layout_rowSpan 或者 layout_columnSpan 属性设置为数值，再设置其 layout_gravity 属性为 fill 即可，前一个设置表明该控件跨越的行数或列数，后一个设置表明该控件填满所跨越的整行或整列。

2. 使用位置

在 XML 布局文件中，使用 <GridLayout> 标签对表格布局进行定义，其基本的语法格式为：

```
<GridLayout
    属性列表>
</GridLayout>
```

3. 常用属性与相关方法（表2-11）

表2-11 网格支持的 XML 属性与相关方法

XML 属性	说明
android:orientation	设置线性布局内控件的排列方式，可选属性值有 horizontal（默认）和 vertical。horizontal 表示控件水平方向排列，vertical 表示控件垂直方向排列
android:columnCount	设置行的显示个数，表示一行最多显示多少列，超出自动换行。例如：android:columnCount ="3"，表示一行最多显示3列
android:rowCount	设置列的显示个数，表示一列最多显示多少行，超出自动换列。例如：android:rowCount ="3"表示一列最多显示3行
android:layout_column	设置显示在第几列

续表

XML 属性	说明
android:layout_columnSpan	设置横向跨几行
android:layout_columnWeight	设置横向剩余空间分配方式 例如：android:layout_columnWeight = "1"，表示横向剩余空间分配 1 份
android:layout_row	设置显示在第几行
android:layout_rowSpan	设置纵向跨几行
android:layout_rowWeight	设置纵向剩余空间分配方式

任务实施

步骤一：需要添加和编辑的文件。

开发此应用需要添加和编辑的文件见表 2－12。

表 2－12　表格布局界面操作的文件

文件类型		文件名	操作
资源文件	布局文件	res/layout/activity_main.xml	编辑

步骤二：布局文件 activity_main.xml 的实现。

```
<GridLayout
xmlns:android = "http://schemas.android.com/apk/res/android"
    android:layout_width = "wrap_content"
    android:layout_height = "wrap_content"
    android:columnCount = "4"
    android:orientation = "horizontal"
android:layout_gravity = "center_horizontal"
    android:rowCount = "6" >

    <TextView
        android:layout_columnSpan = "4"
        android:layout_gravity = "fill"
        android:layout_marginLeft = "5dp"
        android:layout_marginRight = "5dp"
        android:background = "#FFCCCC"
        android:text = "0"
        android:textSize = "50sp" />
    <Button
        android:layout_columnSpan = "2"
        android:layout_gravity = "fill"
        android:text = "回退" />
```

```xml
<Button
    android:layout_columnSpan = "2"
    android:layout_gravity = "fill"
    android:text = "清空" />
<Button android:text = " + " />
<Button android:text = "1" />
<Button android:text = "2" />
<Button android:text = "3" />
<Button android:text = " - " />
<Button android:text = "4" />
<Button android:text = "5" />
<Button android:text = "6" />
<Button android:text = " * " />
<Button android:text = "7" />
<Button android:text = "8" />
<Button android:text = "9" />
<Button android:text = "/" />
<Button
    android:layout_width = "wrap_content"
    android:text = "." />
<Button android:text = "0" />
<Button android:text = " = " />
</GridLayout>
```

知识巩固

1. Android UI 开发中，在网格布局中设置横向跨几行的属性是（　　）。

A. android:layout_columnSpan　　　　B. android:layout_column

C. android:layout_columnWeight　　　D. android:layout_row

2. Android UI 开发中，如果网格布局中的控件 Button 里的属性设置为 android:layout_rowSpan = "2"，表示（　　）。

A. 横向跨 2 列　　B. 显示在第 2 列　　C. 纵向跨 2 行　　D. 显示在第 2 行

工作任务单

《Android 移动开发项目式教程》工作任务单

工作任务			
小组名称		工作成员	
工作时间		完成总时间	
工作任务描述			

续表

小组分工	姓名	工作任务

任务执行结果记录			
序号	工作内容	完成情况	操作员

任务实施过程记录

验收评定		验收人签字	

任务6 约束布局

任务描述

在开发过程中经常能遇到一些复杂的 UI，可能会出现布局嵌套过多的问题，嵌套得越多，设备绘制视图所需的时间和计算功耗也就越多。约束布局（Constraint Layout）可用于构建大型的复杂的布局，并且该布局可以只有一层嵌套，其解决了开发复杂布局、出现布局嵌套过多的问题，减少了界面绘制的时间。同时，使用约束布局，视图层级会变得非常精简，并在 Android Studio 中可以进行可视化操作，可以完全使用拖控件的方式进行布局编辑，代替之前的 XML 编辑方法。应用约束布局实现如图 2-7 所示界面。

项目二　Android 常用 UI 界面布局

任务分析

①由于界面布局杂乱无章，不适合使用其他布局，所以采用约束布局；

②共设置 7 个按钮，按照图 2 - 7 的位置摆放；

③放置好位置，设置相关属性后，单击魔法棒添加约束即可。

知识要点

1. 特点

约束布局是一个 ViewGroup，可以在 API9 以上的 Android 系统使用它，它的出现主要是为了解决布局嵌套过多的问题，以灵活的方式定位和调整小部件。从 Android Studio 2.3 起，官方的模板默认使用约束布局。

约束布局有点类似于相对布局，所有的组件都与其兄弟组件或父控件有关联关系，但是约束布局使用起来比相对布局更灵活，性能更出色。还有一点就是，约束布局可以按照比例约束控件位置和尺寸，能够更好地适配屏幕大小不同的机型。

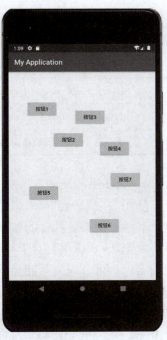

图 2 - 7　约束布局界面效果图

2. 使用位置

在 XML 布局文件中，使用 < ConstraintLayout > 标签对约束布局进行定义，其基本的语法格式为：

```
< android.support.constraint.ConstraintLayout
    属性列表 >
< /android.support.constraint.ConstraintLayout >
```

3. 常用属性与相关方法（表 2 - 13）

表 2 - 13　约束布局的相对定位关系的属性

XML 属性	说明
layout_constraintLeft_toLeftOf	控件的左边与另外一个控件的左边对齐
layout_constraintLeft_toRightOf	控件的左边与另外一个控件的右边对齐
layout_constraintRight_toLeftOf	控件的右边与另外一个控件的左边对齐
layout_constraintRight_toRightOf	控件的右边与另外一个控件的右边对齐
layout_constraintTop_toTopOf	控件的上边与另外一个控件的上边对齐
layout_constraintTop_toBottomOf	控件的上边与另外一个控件的底部对齐
layout_constraintBaseline_toBaselineOf	控件间的文本内容基准线对齐

续表

XML 属性	说明
layout_constraintStart_toEndOf	控件的起始边与另外一个控件的尾部对齐
layout_constraintStart_toStartOf	控件的起始边与另外一个控件的起始边对齐
layout_constraintEnd_toStartOf	控件的尾部与另外一个控件的起始边对齐
layout_constraintEnd_toEndOf	控件的尾部与另外一个控件的尾部对齐

4. 魔法棒的使用

使用约束布局,可以将所需控件直接拖入界面,代码会自动生成,右侧可以设置控件的所有属性,摆放好控件的位置后,单击工具栏的"魔法棒"按钮,可以一键给所有控件定位,如图 2-8 所示。对于简单的 UI 界面,使用直接拖拽的方式更加便捷。魔法棒不适用于复杂定位约束,因为可能会发生约束冲突,不够精准。如果要修改某个控件的位置,需要先删除所有约束,调整好控件位置后,重新单击魔法棒一键添加约束。

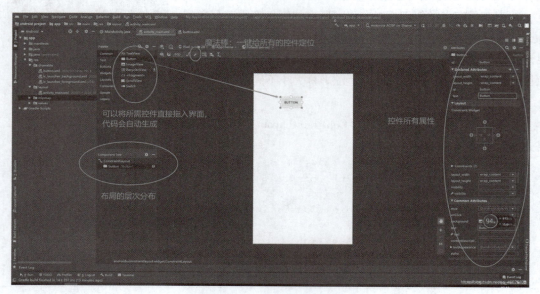

图 2-8 魔法棒的使用

任务实施

步骤一:需要添加和编辑的文件。

开发此应用需要编辑的文件见表 2-14。

表 2-14 约束布局界面操作的文件列表

文件类型		文件名	操作
资源文件	布局文件	res/layout/activity_main.xml	编辑

步骤二：布局文件 activity_main.xml 的实现。

单击左上角"Design"按钮切换到设计界面，如图 2-9 所示。

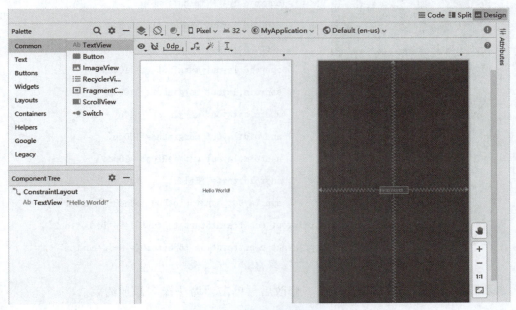

图 2-9　约束布局设计界面

步骤三：删除默认的"Hello World!"文本框，拖动相应的控件到要放置的位置，设置相应属性，如图 2-10 所示。

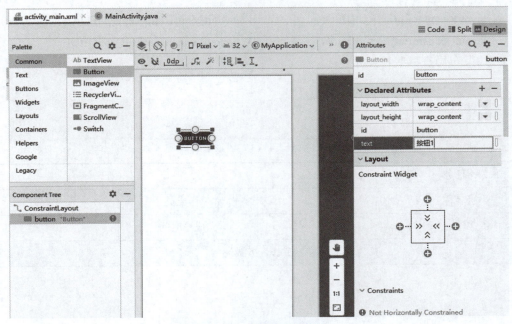

图 2-10　控件属性设置

步骤四：单击魔法棒，自动添加约束。约束关系代码自动生成，如图 2 – 11 所示。

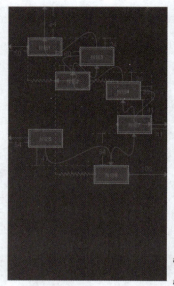

```
<Button
    android:id="@+id/button6"
    android:layout_width="wrap_content"
    android:layout_height="wrap_content"
    android:layout_marginStart="100dp"
    android:layout_marginLeft="100dp"
    android:layout_marginTop="84dp"
    android:layout_marginEnd="100dp"
    android:layout_marginRight="100dp"
    android:text="按钮 6"
    app:layout_constraintEnd_toEndOf="parent"
    app:layout_constraintStart_toStartOf="@+id/button2"
    app:layout_constraintTop_toBottomOf="@+id/button7" />
```

图 2 – 11　自动生成约束关系

如果需要修改，先单击取消约束，修改后再单击"魔法棒"添加约束。

知识巩固

1. Android UI 开发中，在约束布局中设置控件的起始边与另外一个控件的尾部对齐的属性是（　　）。

　A. layout_constraintLeft_toLeftOf　　　　B. layout_constraintRight_toLeftOf

　C. layout_constraintStart_toEndOf　　　　D. layout_constraintEnd_toStartOf

2. 约束布局有哪些特点？

工作任务单

《Android 移动开发项目式教程》工作任务单

工作任务			
小组名称		工作成员	
工作时间		完成总时间	
工作任务描述			

续表

小组分工	姓名	工作任务

任务执行结果记录			
序号	工作内容	完成情况	操作员

任务实施过程记录

验收评定		验收人签字	

学习成果评价

学号		姓名		班级		
评价栏目	任务详情	评价要素	分值	评价主体		
				学生自评	小组互评	教师点评
任务功能实现	使用线性布局实现控件横向排列	任务功能是否实现	10			
	使用相对布局上下左右显示控件	任务功能是否实现	10			

续表

学号		姓名		班级			
评价栏目	任务详情	评价要素	分值	评价主体		
				学生自评	小组互评	教师点评
任务功能实现	使用帧布局添加前景图片	任务功能是否实现	10			
	使用表格布局实现用户登录界面	任务功能是否实现	10			
	使用网格布局实现简易计算器	任务功能是否实现	10			
代码编写规范	控件基础知识	控件基础知识是否扎实，Android 代码编写是否规范并符合要求	6			
	关键字书写	关键字书写是否正确	2			
	标点符号使用	是否是英文标点符号	2			
	标识符设计	标识符是否按规定格式设置，并实现见名知意	2			
	代码可读性	代码可读性是否友好	4			
	代码优化程度	代码是否已被优化	2			
	代码执行耗时	执行时间可否接受	2			
操作熟练度	代码编写流程	编写流程是否熟练	4			
	程序运行操作	运行操作是否正确	4			
	调试与完善操作	调试过程是否合规	2			
创新性	代码编写思路	设计思路是否创新	5			
	手机界面显示效果	显示界面是否创新	5			
职业素养	态度	是否认真细致、遵守课堂纪律、学习积极、团队协作	4			
	操作规范	是否编码格式对齐、是否操作规范	2			
	设计理念	是否突显用户中心设计理念	4			
总分			100			

项目二　Android 常用 UI 界面布局

教学评价

亲爱的同学，本项目学习结束了，感谢你始终如一地努力学习和积极配合。为了能使我们不断做出改进，提高教学效果，我们很乐意了解你对本项目学习的真实想法。所搜集的数据我们都将保密并采用不记名的方式。有些问题只需要做出选择，有些问题以几个关键字给出简单的回答即可。

项目名称：				
教师姓名：				
上课时间：	很满意	满意	一般	不满意
一、项目教学组织评价				
1. 你对课程教学秩序是否满意	☐	☐	☐	☐
2. 你对实训室的环境卫生状况是否满意	☐	☐	☐	☐
3. 你对课堂整体纪律表现是否满意	☐	☐	☐	☐
4. 你对你们小组的总体表现是否满意	☐	☐	☐	☐
5. 你对这种教学模式是否满意	☐	☐	☐	☐
二、授课教师评价				
教师组织授课通俗易懂、结构清晰	☐	☐	☐	☐
教师能认真指导学生、因材施教	☐	☐	☐	☐
教师非常关注学生的学习效果	☐	☐	☐	☐
理论和实践的比例安排合理	☐	☐	☐	☐
三、授课内容评价				
课程内容是否适合你的水平	☐	☐	☐	☐
授课中使用的各种学习资料和在线资源是否满意	☐	☐	☐	☐

请回答下列问题：

1. 在教学组织方面，哪些还需要进一步改进？

2. 哪些授课内容你比较满意？哪些方面还需要进一步改进？

3. 哪些授课内容你不感兴趣？为什么？

项目三

UI界面设计

项目介绍：

UI 界面设计的主要内容是控件，常用控件包括 TextView（文本框）、EditText（编辑框）、Button（按钮）等，这些控件与用户进行直接交互，因此，掌握这些控件的使用对日后开发工作至关重要。本项目将详细介绍 Android 常用的 UI 界面设计控件。

知识图谱：

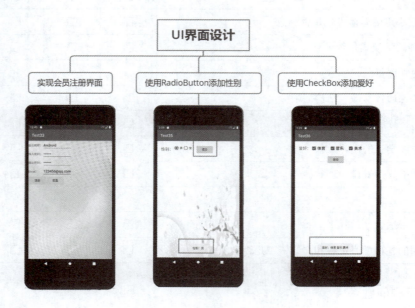

学习要求：

1. 素质目标

培养学生精益求精的职业精神、认真细致的工作态度；培养学生动手实践技能和分析问题、解决问题的能力；培养学生具有一定的人际交往能力和沟通能力。

2. 知识目标

掌握 TextView 的功能和用法；掌握 EditText 的功能和用法；掌握 Button 与 ImageButton 的功能和用法；掌握 RadioButton 与 RadioGroup 的功能和用法；掌握 CheckBox 的功能和用法。

3. 能力目标

在 Android Studio 开发环境下，利用 TextView 显示文本框的能力；利用 EditText 显示编辑框的能力；利用 Button 与 ImageButton 添加按钮的能力；利用 RadioButton 与 RadioGroup 添加单选框的能力；利用 CheckBox 添加复选框能力。

1+X 证书考点：

工作领域	工作任务	专业技能要求	课程内容
3. Android 编程	3.1 Android UI 开发	3.1.2 掌握 UI 设计原理，掌握常见布局和控件的使用，能够自定义界面样式	任务 1：实现会员注册界面 任务 2：使用 RadioButton 添加性别 任务 3：使用 CheckBox 添加爱好

任务1 实现会员注册界面

任务描述

我们每个人每天都可能会使用手机上安装的购物软件，首次登录软件时，需要注册会员，在注册填写会员信息时，一般会输入会员昵称、密码、确认密码和电子邮箱，单击"注册"按钮，就能注册成功，单击"重置"按钮，填写的信息就会清空，允许重新填写。可以使用 EditText 实现会员注册界面，当用户单击"注册"按钮时，在日志面板（LogCat）中显示输入的内容；当用户单击"重置"按钮时，清空填写的信息，运行效果图如图 3-1 所示。通过开发会员注册页面，从生活中常见的应用场景出发，创新性地培养学生精益求精的职业精神和认真细致的工作态度。通过编写代码，不断地完善、调试、运行，直到完成程序开发，这一过程中可以培养学生独立思考能力、语言表达能力和分析问题、解决问题的能力。

图 3-1 会员注册页面效果图

LogCat 显示内容如图 3-2 所示。

```
2020-03-17 08:45:16.890 4066-4066/com.example.test33 I/编辑框的应用: 会员昵称：Android
2020-03-17 08:45:16.890 4066-4066/com.example.test33 I/编辑框的应用: 密码：123456
2020-03-17 08:45:16.890 4066-4066/com.example.test33 I/编辑框的应用: 确认密码：123456
2020-03-17 08:45:16.890 4066-4066/com.example.test33 I/编辑框的应用: 电子邮箱：123456@qq.com
```

图 3-2 LogCat 日志显示图

任务分析

开发此应用程序需要添加和编辑的文件见表 3-1。其中，在 res/drawable 中添加 1 个 background.jpg 背景图片；编辑 res/layout 中的 activity_main.xml 文件，编写 1 个表格布局，在该表格布局内使用 4 个表格行分别表示会员昵称、密码、确认密码和电子邮箱 4 行，最后一行用水平线性布局表示"注册"和"重置"按钮，在 4 个表格行内又分别使用 TextView 文本框和 EditText 编辑框；编辑 MainActivity.java 文件实现对应的功能。

表 3-1 EditText 操作的文件列表

文件类型		文件名	操作
资源文件	图片资源	res/drawable/background.jpg	添加
	布局文件	res/layout/activity_main.xml	编辑
界面程序文件		src/main/java/包名/MainActivity.java	编辑

知识要点

1. 定义

TextView 是文本视图控件，其作用是在界面上显示文本，实际上就是提供了一个标签的显示操作。TextView 直接继承了 View，其继承关系如图 3-3 所示。

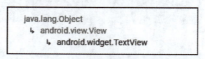

图 3-3 TextView 控件的继承关系图

EditText 是文本编辑框控件，用于编辑文本框中的内容。EditText 直接继承了 TextView，其继承关系如图 3-4 所示。

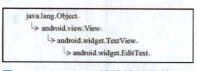

图 3-4 EditText 控件的继承关系图

Button 是按钮控件，主要是在 UI 界面生成一个按钮。该按钮可以供用户单击，当用户单击按钮时，按钮会触发一个 OnClick 事件。Button 继承了 TextView，其继承关系如图 3-5 所示。

项目三 UI 界面设计

```
java.lang.Object
 ↳ android.view.View
    ↳ android.widget.TextView
       ↳ android.widget.Button
```

图 3-5 Button 控件的继承关系图

ImageButton 是图片按钮控件，主要是在 UI 界面生成一个图片按钮。该图片按钮可以供用户单击，当用户单击时，图片按钮会触发一个 OnClick 事件。ImageButton 继承了 ImageView，其继承关系如图 3-6 所示。

```
java.lang.Object
 ↳ android.view.View
    ↳ android.widget.ImageView
       ↳ android.widget.ImageButton
```

图 3-6 ImageButton 控件的继承关系图

2. 使用位置

①在 XML 布局文件中，使用 <TextView> 标签定义文本视图控件，使用 <EditText> 标签定义文本编辑控件，使用 <Button> 标签定义按钮控件，使用 <ImageButton> 标签定义图片按钮控件。

②在 Java 程序代码中，使用 TextView 类创建文本视图控件，使用 EditText 类创建文本编辑控件，使用 Button 类创建按钮控件，使用 ImageButton 类创建图片按钮控件。

3. 常用属性与相关方法

TextView 提供了大量常用的 XML 属性与相关方法，见表 3-2。

表 3-2 TextView 支持的 XML 属性与相关方法

XML 属性	说明
android:autoLink	设置将符合指定格式的文本转换为可点击的链接，可选属性值有 none、web、email、phone、map 和 all。none 表示不设置任何超链接，web 表示将文本中的 URL 地址转换为超链接，email 表示将文本中的 E-mail 地址转换为超链接，phone 表示将文本中的电话号码转换为超链接，map 表示将文本中的街道地址转换为超链接，all 相当于指定 web、email、phone、map
android:drawableBotton	在文本视图内文本的底端绘制指定图像
android:drawableLeft	在文本视图内文本的左端绘制指定图像
android:drawableRight	在文本视图内文本的右端绘制指定图像
android:drawableTop	在文本视图内文本的顶端绘制指定图像
android:drawablePadding	设置文本视图内文本与图形之间的间距
android:editable	设置文本视图内文本是否允许编辑

续表

XML 属性	说明
android:ellipsize	设置当显示的文本超过 TextView 的长度时，如何处理文本内容。可选属性值有 none、start、middle、end、marquee。none 表示不进行任何处理，start 表示在文本开头部分进行省略，middle 表示在文本中间部分进行省略，end 表示在文本结束部分进行省略，marquee 表示在文本结尾处以淡出的方式省略
android:gravity	设置文本视图内文本的对齐方式
android:height	设置文本视图的高度
android:width	设置文本视图的宽度
android:minHeight	指定该文本视图的最小高度
android:maxHeight	指定该文本视图的最大高度
android:minWidth	指定该文本视图的最小宽度
android:maxWidth	指定该文本视图的最大宽度
android:hint	设置文本视图内容为空时，文本视图显示的默认提示文本
android:inputType	设置文本编辑框中的输入数据类型
android:lines	指定该文本视图行数
android:maxLines	指定该文本视图的最大行数
android:minLines	指定该文本视图的最小行数
android:password	指定该文本框是一个密码框（以点代替字符）
android:phoneNumber	指定该文本视图只能接受电话号码
android:scrollHorizontally	如果文本视图不能显示全部内容时，是否允许水平滚动
android:singleLine	设置文本视图的内容是否单行模式，如果为 true，文本不会换行
android:text	设置文本视图的内容
android:textColor	设置文本视图的颜色
android:textSize	设置文本视图的字体大小
android:textStyle	设置文本视图的字体风格，如粗体、斜体

从图 3-4 中可以看出，EditText 是 TextView 的直接子类，所以 TextView 支持的 XML 属性与相关方法都允许 EditText 使用。

4. TextView 与 EditText 的异同

①TextView 和 EditText 具有很多相似之处。

②最大区别在于 TextView 不允许用户编辑文本内容，而 EditText 允许用户编辑文本内容。

5. 为 Button 设置背景图片

通过 android:background 属性为按钮增加背景颜色或背景图片时，颜色和图片是固定的，不会随着用户的动作而改变。

6. ImageButton 的 background 属性和 src 属性的异同点

①相同点：ImageButton 的 background 属性和 src 属性都可以指向一张图片。

②不同点：

• src 属性：表示的是图标，即前景图，图标是按钮中间的一块区域。原样显示图片，不会改变图片的大小。

• background 属性：表示的是背景，背景是所能看到的控件范围。显示图片时，会按照 ImageButton 的大小缩放图片。

7. Button 和 ImageButton 的异同

• Button 生成的按钮上显示文字：android:text = "按钮"。

• ImageButton 生成的按钮上则显示图片，即使使用 android:text 属性，图片按钮上也不会显示任何文字，主要用于给图片添加点击事件处理。

• Button、ImageButton 按钮单击时，都会触发一个 OnClick 事件。

8. 如何在按钮上同时显示文字和图片

方法1：直接将图片和文字设计成一张图片，然后将其作为 ImageButton 的 src 属性的值，但不够灵活，改变图片或文字时需要重新设计。

方法2：是直接将图片作为按钮的背景，并为按钮添加 android:text 属性，图片、文字设置灵活。但图片作为背景时，要适应按钮的大小，可能会变形。

9. 常用单位

为了让 Android 应用程序拥有更好的屏幕适配能力，在指定控件和布局宽高时，最好使用 match_parent 和 wrap_content，尽量避免将控件宽、高设置成固定值，因为在控件很多的情况下，会相互挤压，使控件变形。但特殊情况下需要使用指定宽高值时，可以选择使用 px、pt、dp、sp 四种单位。例如，android:layout_width = "20dp" 代表指定值是 20 dp。

• px：代表像素，即在屏幕中可以显示的最小元素单位，应用程序中任何控件都是由一个个像素点组成的。分辨率越高的手机，屏幕的像素点就越多。因此，如果使用 px 控制控件的大小，在分辨率不同的手机上控件显示的大小也会不同。

• pt：代表磅数，一磅等于 1/72 in①，一般 pt 都会作为字体的单位来显示。pt 和 px 的情况类似，在不同分辨率的手机上，用 pt 控件的字体大小也会不同。

• dp：一种基于屏幕密度的抽象单位。不同设备有不同的显示效果，它是根据设备分辨率的不同来确定控件的尺寸的。

---

① 1 in = 2.54 cm。

- sp：代表可伸缩像素，采用与 dp 相同的设计理念，推荐设置文字大小时使用。

10. layout_width、layout_height 和 width、height 属性的区别

在 Android 系统中，layout_width、layout_height 属性与 width、height 属性的功能是相同的，都用于设置控件的宽、高，只不过带"layout"前缀的属性通常是相对父控件而言的，而 width、height 属性是相对于控件本身而言的。它们在使用时的区别如下：

①layout_width 和 layout_height 属性可以单独使用，而 width 和 height 属性不能，如果单独使用 width 和 height 属性，此时的控件是不显示的。

②layout_width 和 layout_height 可以设置为 wrap_content 或者 match_parent，而 width 和 height 只能设置固定值，否则会产生编译错误。

③如果要使用 width 和 height，就必须同时设置 layout_width 和 layout_height 属性，把 width 和 height 作为控件的微调使用。

综上所述，在设置 TextView 控件的宽、高时，通常直接使用 layout_width 和 layout_height，简单方便。

任务实施

步骤一：布局文件 activity_main.xml 的设计，如图 3-7 所示。

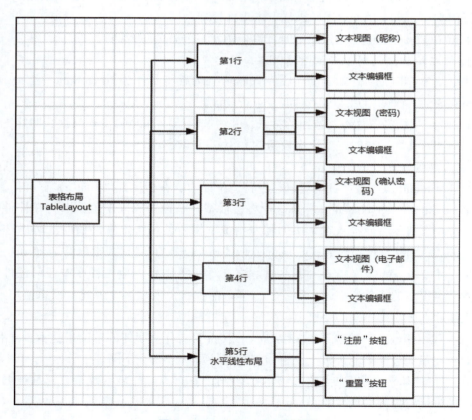

图 3-7　activity_main 设计图

步骤二：布局文件 activity_main.xml 的实现，显示界面如图 3-1 所示。

```xml
<?xml version = "1.0" encoding = "utf-8"?>
<TableLayout xmlns:android = "http://schemas.android.com/apk/res/android"
    android:id = "@+id/tablelayout"
    android:layout_width = "match_parent"
    android:layout_height = "match_parent"
    android:background = "@drawable/background" >
    <TableRow
        android:id = "@+id/row1"
        android:layout_width = "wrap_content"
        android:layout_height = "wrap_content" >
        <TextView
            android:id = "@+id/view01"
            android:layout_width = "wrap_content"
            android:layout_height = "wrap_content"
            android:text = "会员昵称:" >
        </TextView>
        <EditText
            android:id = "@+id/edit01"
            android:layout_width = "wrap_content"
            android:layout_height = "wrap_content"
            android:hint = "请输入会员昵称"
            android:singleLine = "true"
            android:inputType = "textShortMessage" >
        </EditText>
    </TableRow>
    <TableRow
        android:id = "@+id/row2"
        android:layout_width = "wrap_content"
        android:layout_height = "wrap_content" >
        <TextView
            android:id = "@+id/view02"
            android:layout_width = "wrap_content"
            android:layout_height = "wrap_content"
            android:text = "输入密码:" >
        </TextView>
        <EditText
            android:id = "@+id/edit02"
            android:layout_width = "wrap_content"
            android:layout_height = "wrap_content"
            android:singleLine = "true"
            android:inputType = "numberPassword" >
        </EditText>
    </TableRow>
    <TableRow
        android:id = "@+id/row3"
        android:layout_width = "wrap_content"
        android:layout_height = "wrap_content" >
        <TextView
```

```xml
            android:id = "@+id/view03"
            android:layout_width = "wrap_content"
            android:layout_height = "wrap_content"
            android:text = "确认密码:" >
        </TextView>
        <EditText
            android:id = "@+id/edit03"
            android:layout_width = "wrap_content"
            android:layout_height = "wrap_content"
            android:singleLine = "true"
            android:inputType = "numberPassword" >
        </EditText>
    </TableRow>
    <TableRow
        android:id = "@+id/row4"
        android:layout_width = "wrap_content"
        android:layout_height = "wrap_content" >
        <TextView
            android:id = "@+id/view04"
            android:layout_width = "wrap_content"
            android:layout_height = "wrap_content"
            android:text = "Email:" >
        </TextView>
        <EditText
            android:id = "@+id/edit04"
            android:layout_width = "wrap_content"
            android:layout_height = "wrap_content"
            android:singleLine = "true"
            android:inputType = "textEmailAddress" >
        </EditText>
    </TableRow>
    <LinearLayout
        android:id = "@+id/linearlayout"
        android:layout_width = "wrap_content"
        android:layout_height = "wrap_content"
        android:orientation = "horizontal" >
        <Button
            android:id = "@+id/btn1"
            android:layout_width = "wrap_content"
            android:layout_height = "wrap_content"
            android:text = "注册" >
        </Button>
        <Button
            android:id = "@+id/btn2"
            android:layout_width = "wrap_content"
            android:layout_height = "wrap_content"
            android:text = "重置" >
        </Button>
    </LinearLayout>
</TableLayout>
```

步骤三：界面程序文件 MainActivity.java 的实现。

在 MainActivity 类的 onCreate() 方法中需要完成 3 步关键操作：

①获取控件：获取布局文件中定义的所有编辑框和 2 个按钮。

②为"注册"按钮注册点击事件监听器：响应的内容是在日志面板 LogCat 显示注册信息。

③为"重置"按钮注册点击事件监听器：响应的内容是清空填写的内容。

```java
package com.example.test33;
import androidx.appcompat.app.AppCompatActivity;
import android.os.Bundle;
import android.util.Log;
import android.view.View;
import android.widget.Button;
import android.widget.EditText;
public class MainActivity extends AppCompatActivity {
  @Override
  protected void onCreate(Bundle savedInstanceState) {
    super.onCreate(savedInstanceState);
    setContentView(R.layout.activity_main);
    final EditText et1 = findViewById(R.id.edit01);
    final EditText et2 = findViewById(R.id.edit02);
    final EditText et3 = findViewById(R.id.edit03);
    final EditText et4 = findViewById(R.id.edit04);
    Button btn1 = findViewById(R.id.btn1);
    Button btn2 = findViewById(R.id.btn2);
    btn1.setOnClickListener(new View.OnClickListener() {
      @Override
      public void onClick(View v) {
        String username = et1.getText().toString().trim();
        String pass = et2.getText().toString().trim();
        String confirpass = et3.getText().toString().trim();
        String email = et4.getText().toString().trim();
        Log.i("编辑框的应用","会员昵称:"+username);
        Log.i("编辑框的应用","密码:"+pass);
        Log.i("编辑框的应用","确认密码:"+confirpass);
        Log.i("编辑框的应用","电子邮箱:"+email);
      }
    });
    btn2.setOnClickListener(new View.OnClickListener() {
      @Override
      public void onClick(View v) {
        et1.setText("");
        et2.setText("");
        et3.setText("");
        et4.setText("");
      }
    });
  }
}
```

知识巩固

一、单选题

1. 在 Android 中显示文本内容的组件是（　　）。
   A. View　　　　　B. EditText　　　　C. TextView　　　　D. Button

2. 在编写 xml 文件设计布局时，用于设置控件背景的属性是（　　）。
   A. centerVertical　　B. background　　　C. src　　　　　　D. padding

3. 在 Android 中用来编辑文本内容的组件是（　　）。
   A. View　　　　　B. EditText　　　　C. TextView　　　　D. Button

4. 以下（　　）属性是用来限制 EditText 输入类型的。
   A. src　　　　　　B. text　　　　　　C. inputType　　　　D. keyboard

5. android:background = "#ffffff" 的属性值的颜色为（　　）。
   A. 绿色　　　　　B. 蓝色　　　　　C. 红色　　　　　　D. 白色

6. EditText 编辑框的提示信息用（　　）属性设置。
   A. android:hint　　　　　　　　　B. android:text
   C. android:inputType　　　　　　 D. android:password

7. （　　）组件在 UI 界面生成一个图片按钮。
   A. EditText　　　　　　　　　　 B. Button
   C. TextView　　　　　　　　　　 D. ImageButton

8. 如果想为 Button 设置点击事件监听器，需要在布局文件中为它设置（　　）属性。
   A. android:text　　　　　　　　　B. android:background
   C. android:onClick　　　　　　　 D. android:gravity

9. （　　）组件在 UI 界面生成一个按钮。
   A. EditText　　　　　　　　　　 B. Button
   C. TextView　　　　　　　　　　 D. ImageButton

10. 在 Activity 中，为按钮设置点击事件监听器的方法是（　　）。
    A. onClick(　)　　　　　　　　　B. setOnClickListener(　)
    C. onCreate(　)　　　　　　　　 D. setContentView(　)

二、判断题

1. ImageButton 的 src 属性所设置的图片，会原样显示图片，不会进行缩放。（　　）

2. 通过 android:text 属性可以给 ImageButton 设置文本。（　　）

3. 能够为 ImageButton 添加点击事件监听器。（　　）

4. ImageButton 的 background 属性所设置的图片，会原样显示图片，不会进行缩放。（　　）

项目三　UI 界面设计

工作任务单

《Android 移动开发项目式教程》 工作任务单

工作任务			
小组名称		工作成员	
工作时间		完成总时间	
工作任务描述			
小组分工	姓名	工作任务	
任务执行结果记录			
序号	工作内容	完成情况	操作员
任务实施过程记录			
验收评定		验收人签字	

任务 2　使用 RadioButton 添加性别

任务描述

在某网站进行注册信息时，经常会遇到性别是男或者女的单选按钮，那么在 Android 中如何实现单选按钮的功能呢？可以使用 RadioButton 实现添加性别单选按钮，当选中性别时，显示消息提示框，提示选中的性别；当单击"提交"按钮时，显示消息提示框，提交选中的性别，运行效果图如图 3-8 所示。当单击任意一个按钮时，就会触发该按钮对应的一系列操作。这就如同人生到处都充满了选择，不管未来怎样选择，都要从日常的点滴行为做起，用严格的标准要求自己，不断进步，把人生道路走得更稳、更好！

图 3-8　RadioButton 与 RadioGroup 效果图

任务分析

开发此应用程序需要添加和编辑的文件见表 3-3。其中，在 res/drawable 中添加 1 个 background.jpg 背景图片；编辑 res/layout 中的 activity_main.xml 文件，编写 1 个水平线性布局，在该线性布局内有 TextView、RadioGroup 和 Button，其中，在 RadioGroup 中有 2 个 RadioButton；编辑 MainActivity.java 文件实现对应的功能。

表3-3　RadioButton 与 RadioGroup 操作的文件列表

文件类型		文件名	操作
资源文件	图片资源	res/drawable/background.jpg	添加
	布局文件	res/layout/activity_main.xml	编辑
界面程序文件		src/main/java/包名/MainActivity.java	编辑

知识要点

1. RadioButton

（1）定义

RadioButton 是单选按钮控件。在默认情况下，单选按钮显示为一个圆形图标，并且在该图标旁边放置了一些说明性文字。在程序中，一般将多个单选按钮放置在按钮组中，使这些单选按钮表现出某种功能，当用户选中某个单选按钮后，按钮组中的其他按钮将被自动取消选中状态。RadioButton 继承了 CompoundButton，其继承关系如图3-9所示。

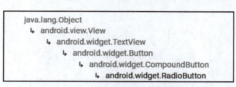

图3-9　RadioButton 控件的继承关系图

（2）使用位置

①在 XML 布局文件中，使用 <RadioButton> 标签定义单选按钮控件。

②在 Java 程序代码中，使用 RadioButton 类创建单选按钮控件。

（3）重要属性

android:checked 属性：用于指定选中状态，属性值为 true 时表示选中；属性值为 false 时表示取消选中。默认为 false。

（4）重要方法

• getText()：获取控件显示的文本。

• isChecked()：判断该复合按钮是否被选中。如果被选中，返回 true；否则，返回 false。

• setChecked(boolean checked)：更改该复合按钮的选中状态。

• setOnCheckedChangeListener(CompoundButton.OnCheckedChangeListener listener)：为复合按钮注册选中状态被改变的事件监听器。

（5）CompoundButton 复合按钮

CompoundButton 是 RadioButton 的超类。在 CompoundButton 类中定义了一个非常重要的接口 CompoundButton.OnCheckedChangeListener，其作用是当复合按钮中的某个按钮状态被改变时，需要作出的响应。这个接口中的抽象方法 onCheckedChanged(CompoundButton button-

View，boolean isChecked）的作用是当复合按钮选中状态被改变时，需要作出的响应方法。在使用时需要实现这个抽象方法。

（6）获取单选按钮中的选项值的方法

• 方法1：在改变单选按钮组时，获取选择项的值。

第1步：获取单选按钮组；

第2步：为获取的单选按钮组添加 OnCheckedChangeListener 监听器；

第3步：在 onCheckedChanged（ ）方法中，根据参数 checkedId 获取被选中的单选按钮；

第4步：通过 getText（ ）方法再获取该单选按钮对应的值。

• 方法2：在单击其他按钮组时，获取选择项的值。

第1步：获取其他按钮；

第2步：为其他按钮添加 OnClickListener 监听器；

第3步：在 onClick（ ）方法中，通过 for 循环遍历当前单选按钮组中的按钮；

第4步：根据被遍历的单选按钮的 isChecked（ ）方法判断该按钮是否被选中；

第5步：当被选中时，则通过 getText（ ）获取该单选按钮对应的值。

2．RadioGroup

（1）定义

RadioGroup 是单选按钮组控件，也是一个容器控件，在该容器中存放的是 RadioButton。RadioGroup 继承了 LinearLayout，其继承关系如图 3 – 10 所示。

图 3 – 10　RadioGroup 控件的继承关系图

（2）使用位置

①在 XML 布局文件中，使用 < RadioGroup > 标签定义单选按钮组控件。

②在 Java 程序代码中，使用 RadioGroup 类创建单选按钮组控件。

（3）重要属性

android：orientation 属性用于指定内部控件的排列方向，属性值为 horizontal 时，表示水平方向排列；属性值为 vertical 时，表示垂直方向排列。vertical 为默认方式。

（4）重要方法

setOnCheckedChangeListener（RadioGroup. OnCheckedChangeListener listener）为单选按钮组，为单选按钮被状态被改变时的事件监听器。

getChildCount（ ）：获取单选按钮组中单选按钮的个数。

getChildAt（ ）：在单选按钮组中，获取指定位置的单选按钮。

（5）内部接口

RadioGroup. OnCheckedChangeListener 接口的作用是当单选按钮组的状态被改变时，需要作出的响应，即单选按钮组状态被改变时的事件监听器。

这个接口中定义的抽象方法 onCheckedChanged（RadioGroup group，int checkedId）的作用是单选按钮组状态被改变时，需要作出的响应，在使用时需要实现这个抽象方法。

3. RadioButton 和 RadioGroup 的关系

通常情况下，RadioButton 控件需要与 RadioGroup 控件一起使用，组成一个有效的单选按钮组。在这个单选按钮组容器中，可以添加多个 RadioButton 控件，但只能有一个 RadioButton 被选中。

任务实施

步骤一：布局文件 activity_main.xml 的设计，如图 3 – 11 所示。

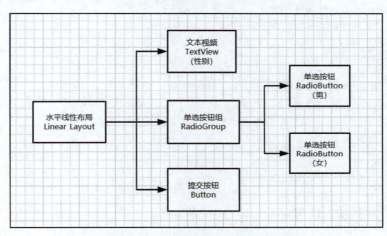

图 3 – 11　activity_main 设计图

步骤二：布局文件 activity_main.xml 的实现。

```xml
<?xml version = "1.0" encoding = "utf-8"?>
<LinearLayout xmlns:android = "http://schemas.android.com/apk/res/android"
    android:id = "@+id/layout"
    android:layout_width = "match_parent"
    android:layout_height = "match_parent"
    android:background = "@drawable/background"
    android:orientation = "horizontal"
    android:padding = "20dp" >
<TextView
    android:id = "@+id/view01"
    android:layout_width = "wrap_content"
    android:layout_height = "wrap_content"
    android:text = "性别:"
    android:textSize = "20sp" >
</TextView>
    <RadioGroup
        android:id = "@+id/sex"
        android:layout_width = "wrap_content"
        android:layout_height = "wrap_content"
```

```xml
        android:orientation = "horizontal" >
         <RadioButton
            android:id = "@ + id/male"
            android:layout_width = "wrap_content"
            android:layout_height = "wrap_content"
            android:text = "男"
            android:checked = "true" >
         </RadioButton>
         <RadioButton
            android:id = "@ + id/female"
            android:layout_width = "wrap_content"
            android:layout_height = "wrap_content"
            android:text = "女" >
         </RadioButton>
    </RadioGroup>
  <Button
     android:id = "@ + id/btn1"
     android:layout_width = "wrap_content"
     android:layout_height = "wrap_content"
     android:text = "提交"
     android:layout_marginLeft = "20dp" >
</Button>
</LinearLayout>
```

步骤三：界面程序文件 MainActivity.java 的实现。

```java
package com.example.test35;
import androidx.appcompat.app.AppCompatActivity;
import android.os.Bundle;
import android.view.View;
import android.widget.Button;
import android.widget.RadioButton;
import android.widget.RadioGroup;
import android.widget.Toast;
public class MainActivity extends AppCompatActivity {
    @Override
    protected void onCreate(Bundle savedInstanceState) {
        super.onCreate(savedInstanceState);
        setContentView(R.layout.activity_main);
        //方法1:在改变单选按钮组时,获取选择项的值。
        //获取单选按钮组 RadioGroup
        final RadioGroup radioGroup = findViewById(R.id.sex);
        //为单选按钮组 RadioGroup 设置状态改变时触发的事件监听器
        radioGroup.setOnCheckedChangeListener(new RadioGroup.OnCheckedChangeListener() {
            @Override
            public void onCheckedChanged(RadioGroup group, int checkedId) {
                RadioButton r = findViewById(checkedId);
```

```
                Toast.makeText(MainActivity.this,"性别:
"+r.getText(),Toast.LENGTH_SHORT).show();
            }
        });
        //方法2:在单击其他按钮组时,获取选择项的值。
        //获取button按钮
        Button btn = findViewById(R.id.btn1);
        //为button设置点击事件
        btn.setOnClickListener(new View.OnClickListener() {
            @Override
            public void onClick(View v) {
                for(int i =0;i < radioGroup.getChildCount();i ++){
                    RadioButton r =(RadioButton) radioGroup.getChildAt(i);
                    if(r.isChecked()){
                        Toast.makeText(MainActivity.this,"性别:
"+r.getText(),Toast.LENGTH_SHORT).show();
                    }
                }
            }
        });
    }
}
```

知识巩固

1. Android 中单选按钮用（　　）控件表示。

A. ImageButton　　　B. RadioButton　　　C. RadioGroup　　　D. Button

2. Android 中用来盛放单选按钮的容器是（　　）。

A. ImageButton　　　B. RadioButton　　　C. RadioGroup　　　D. Button

3. 在 XML 中设置单选按钮被选中，使用（　　）属性。

A. android:checked　　　　　　　　B. android:orientation

C. android:onClick　　　　　　　　D. android:isChecked( )

4. 在 Java 代码中判断单选按钮 RadioButton 是否被选中，选用（　　）方法。

A. setOnCheckedChangeListener( )　　B. setChecked

C. getText( )　　　　　　　　　　　D. isChecked( )

5. 在 RadioGroup 中，设置按钮的排列方向使用（　　）属性。

A. android:orientation　　　　　　B. android:getChildCount( )

C. android:getChildAt( )　　　　　D. setOnCheckedChangeListener( )

6. 单选按钮有一个非常重要的监听器，是（　　）。

A. getText( )　　　　　　　　　　　B. setOnCheckedChangeListener( )

C. android:getChildAt( )　　　　　D. setOnUnCheckedChangeListener( )

7. RadioButton 和 CheckBox 都继承 Android 的（　　）类。

A. View　　　　　B. Button　　　　　C. CompoundButton　　D. EditText

工作任务单

《Android 移动开发项目式教程》工作任务单

工作任务			
小组名称		工作成员	
工作时间		完成总时间	

工作任务描述

小组分工	姓名	工作任务

任务执行结果记录			
序号	工作内容	完成情况	操作员

任务实施过程记录

验收评定		验收人签字	

项目三　UI 界面设计

任务 3　使用 CheckBox 添加爱好

任务描述

　　当在某网站注册信息时，经常会看到"爱好"多选按钮，包括体育、音乐、美术等，可以选择 1 个，也可以选择多个。那么，在 Android 中如何实现多选按钮的功能呢？可以使用 CheckBox 实现添加爱好多选按钮，当选中多选按钮时，输出一条日志，显示被选中的爱好；当单击"提交"按钮时，通过一个消息框显示被选中的爱好。运行效果图如图 3 – 12 所示，日志信息如图 3 – 13 所示。

图 3 – 12　CheckBox 效果图

```
2020-03-20 09:26:20.102 5084-5084/com.example.test36 I/复选框:：爱好：体育
2020-03-20 09:26:21.239 5084-5084/com.example.test36 I/复选框:：爱好：音乐
2020-03-20 09:26:22.876 5084-5084/com.example.test36 I/复选框:：爱好：美术
```

图 3 – 13　日志信息

任务分析

　　开发此应用程序需要添加和编辑的文件见表 3 – 4。编辑 res/layout 中的 activity_main.xml 文件，编写 1 个垂直线性布局，在该线性布局内有 1 个水平线性布局和 1 个 Button，在水平线性布局内有 1 个 TextView 和 3 个 CheckBox；编辑 MainActivity.java 文件实现对应的功能。

表 3 – 4　CheckBox 操作的文件列表

文件类型		文件名	操作
资源文件	布局文件	res/layout/activity_main.xml	编辑
界面程序文件		src/main/java/包名/MainActivity.java	编辑

知识要点

1. 定义

CheckBox 是复选框控件。在默认情况下，复选框显示为一个方块图标，并且在该图标旁边放置一些说明性文字。与单选按钮唯一不同的是，复选框可以进行多项设置，每一个复选框都提供"选中"和"不选中"两种状态。CheckBox 继承了 CompoundButton，其继承关系如图 3 – 14 所示。

图 3 – 14　CheckBox 控件的继承关系图

根据图 3 – 14 所示的继承关系可知，RadioButton 和 CheckBox 的超类是一样的，都是 CompoundButton，所以它们都可以使用其超类所支持的各种属性和方法。

2. 使用位置

①在 XML 布局文件中，使用 <CheckBox> 标签定义复选框控件。

②在 Java 程序代码中，使用 CheckBox 类创建复选框控件。

3. 重要属性

android:checked 属性：用于指定复选框是否被选中状态，属性值为 true 时表示选中；属性值为 false 时表示取消选中。默认为 false。

4. 重要方法

getText()：获取控件显示的文本。

isChecked()：判断该复合按钮是否被选中。如果被选中，返回 true；否则，返回 false。

setChecked(boolean checked)：更改该复合按钮的选中状态。

setOnCheckedChangeListener(CompoundButton.OnCheckedChangeListener listener)：为复合按钮注册选中状态被改变的事件监听器。

5. CompoundButton 复合按钮

CompoundButton 是 CheckBox 和 RadioButton 的超类。在 CompoundButton 类中定义了一个非常重要的接口 CompoundButton.OnCheckedChangeListener，其作用是当复合按钮中的某个按钮状态被改变时，需要做出的响应机制。这个接口中的抽象方法 onCheckedChanged（CompoundButton buttonView，boolean isChecked）的作用是当复合按钮选中状态被改变时的实际响应方法。在使用时需要实现这个抽象方法。

任务实施

步骤一：布局文件 activity_main.xml 的设计，如图 3-15 所示。

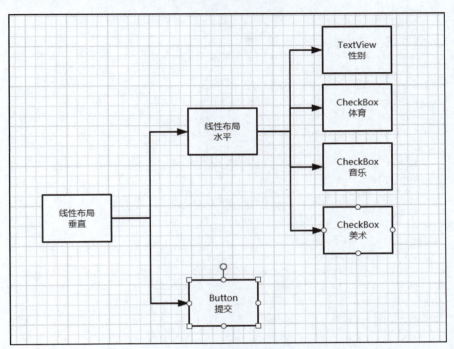

图 3-15　activity_main 设计图

步骤二：布局文件 activity_main.xml 的实现。

```
<?xml version = "1.0" encoding = "utf-8"?>
<LinearLayout xmlns:android = "http://schemas.android.com/apk/res/android"
    android:layout_width = "match_parent"
    android:layout_height = "match_parent"
    android:orientation = "vertical"
    android:padding = "20dp" >
    <LinearLayout
        android:layout_width = "match_parent"
        android:layout_height = "wrap_content"
        android:orientation = "horizontal" >
        <TextView
            android:id = "@ + id/view01"
            android:layout_width = "wrap_content"
            android:layout_height = "wrap_content"
            android:text = "爱好:"
            android:textSize = "20sp" />
        <CheckBox
            android:id = "@ + id/like1"
            android:layout_width = "wrap_content"
```

```xml
        android:layout_height = "wrap_content"
        android:text = "体育"
        android:textSize = "20sp" />
    <CheckBox
        android:id = "@+id/like2"
        android:layout_width = "wrap_content"
        android:layout_height = "wrap_content"
        android:layout_marginLeft = "20dp"
        android:text = "音乐"
        android:textSize = "20sp" />
    <CheckBox
        android:id = "@+id/like3"
        android:layout_width = "wrap_content"
        android:layout_height = "wrap_content"
        android:layout_marginLeft = "20dp"
        android:text = "美术"
        android:textSize = "20sp" />
</LinearLayout>
<Button
    android:id = "@+id/submit"
    android:layout_width = "wrap_content"
    android:layout_height = "wrap_content"
    android:layout_gravity = "center_horizontal"
    android:layout_marginTop = "20dp"
    android:text = "提交" ></Button>
</LinearLayout>
```

步骤三：界面程序文件 MainActivity.java 的实现。

```java
package com.example.test36;
import androidx.appcompat.app.AppCompatActivity;
import android.os.Bundle;
import android.util.Log;
import android.view.View;
import android.widget.Button;
import android.widget.CheckBox;
import android.widget.CompoundButton;
import android.widget.RadioGroup;
import android.widget.Toast;
public class MainActivity extends AppCompatActivity {
    private CompoundButton.OnCheckedChangeListener listener = new CompoundButton.OnCheckedChangeListener() {
        @Override
        public void onCheckedChanged(CompoundButton buttonView, boolean isChecked) {
            if (isChecked) {
                Log.i("复选框:", "爱好:" + buttonView.getText());
            }
        }
```

```java
    };
    @Override
    protected void onCreate(Bundle savedInstanceState) {
        super.onCreate(savedInstanceState);
        setContentView(R.layout.activity_main);
        final CheckBox like1 = findViewById(R.id.like1);
        final CheckBox like2 = findViewById(R.id.like2);
        final CheckBox like3 = findViewById(R.id.like3);
        like1.setOnCheckedChangeListener(listener);
        like2.setOnCheckedChangeListener(listener);
        like3.setOnCheckedChangeListener(listener);
        like1.setOnCheckedChangeListener(new CompoundButton.OnCheckedChangeListener() {
            @Override
            public void onCheckedChanged(CompoundButton buttonView, boolean isChecked) {
                if (isChecked) {
                    Log.i("复选框:","爱好:" + buttonView.getText());
                }
            }
        });
        like2.setOnCheckedChangeListener(new CompoundButton.OnCheckedChangeListener() {
            @Override
            public void onCheckedChanged(CompoundButton buttonView, boolean isChecked) {
                if (isChecked) {
                    Log.i("复选框:","爱好:" + buttonView.getText());
                }
            }
        });
        like3.setOnCheckedChangeListener(new CompoundButton.OnCheckedChangeListener() {
            @Override
            public void onCheckedChanged(CompoundButton buttonView, boolean isChecked) {
                if (isChecked) {
                    Log.i("复选框:","爱好:" + buttonView.getText());
                }
            }
        });
        Button submit = findViewById(R.id.submit);
        submit.setOnClickListener(new View.OnClickListener() {
            @Override
            public void onClick(View v) {
                String like = "";
                if (like1.isChecked()) {
                    like += like1.getText().toString() + " ";
                }
```

```
            if(like2.isChecked()){
                like + = like2.getText().toString() + " ";
            }
            if(like3.isChecked()){
                like + = like3.getText().toString() + " ";
            }
            Toast.makeText(MainActivity.this,"爱好:" + like,
Toast.LENGTH_LONG).show();
            }
        });
    }
}
```

知识巩固

一、单选题

1. 在默认情况下，复选框显示为一个（　　）图标，并且在该图标旁边放置一些说明性文字。

A. 圆形　　　　　B. 三角形　　　　　C. 方块　　　　　D. 四边形

2. 每一个复选框都提供了（　　）种状态。

A. 1　　　　　　B. 2　　　　　　　C. 3　　　　　　D. 4

3. 在布局文件中，想为复选框设置被选中状态，需要设置复选框的（　　）属性。

A. android:id　　　　　　　　　　　B. android:text

C. android:check　　　　　　　　　 D. android:checked

二、判断题

1. CheckBox 为多选按钮，不能单独使用。（　　）
2. 不允许同一时刻有多个 CheckBox 被选中。（　　）

工作任务单

《Android 移动开发项目式教程》 工作任务单

工作任务			
小组名称		工作成员	
工作时间		完成总时间	
工作任务描述			

续表

小组分工	姓名	工作任务

任务执行结果记录			
序号	工作内容	完成情况	操作员

任务实施过程记录

验收评定		验收人签字	

学习成果评价

学号		姓名		班级			
评价栏目	任务详情	评价要素	分值	评价主体		
				学生自评	小组互评	教师点评
任务功能实现	实现会员注册界面	任务功能是否实现	20			
	使用 RadioButton 添加性别	任务功能是否实现	20			
	使用 CheckBox 添加爱好	任务功能是否实现	20			

续表

学号		姓名	班级			
评价栏目	任务详情	评价要素	分值	评价主体		
				学生自评	小组互评	教师点评
代码编写规范	控件基础知识	控件基础知识是否扎实，Android代码编写是否规范并符合要求	2			
	关键字书写	关键字书写是否正确	1			
	标点符号使用	是否是英文标点符号	1			
	标识符设计	标识符是否按规定格式设置，并实现见名知意	1			
	代码可读性	代码可读性是否友好	2			
	代码优化程度	代码是否已被优化	1			
	代码执行耗时	执行时间可否接受	1			
操作熟练度	代码编写流程	编写流程是否熟练	4			
	程序运行操作	运行操作是否正确	4			
	调试与完善操作	调试过程是否合规	2			
创新性	代码编写思路	设计思路是否创新	5			
	手机界面显示效果	显示界面是否创新	5			
职业素养	态度	是否认真细致、遵守课堂纪律、学习积极、团队协作	4			
	操作规范	是否编码格式对齐、是否操作规范	3			
	设计理念	是否突显用户中心设计理念	4			
总分			100			

教学过程评价

亲爱的同学，本项目学习结束了，感谢你始终如一地努力学习和积极配合。为了能使我们不断做出改进，提高教学效果，我们很乐意了解你对本项目学习的真实想法。所搜集的数据我们都将保密并采用不记名的方式。有些问题只需要做出选择，有些问题以几个关键字给出简单的回答即可。

项目名称：	教师姓名：			
上课时间：	很满意	满意	一般	不满意
一、项目教学组织评价				
1. 你对课程教学秩序是否满意	☐	☐	☐	☐
2. 你对实训室的环境卫生状况是否满意	☐	☐	☐	☐
3. 你对课堂整体纪律表现是否满意	☐	☐	☐	☐
4. 你对你们小组的总体表现是否满意	☐	☐	☐	☐
5. 你对这种教学模式是否满意	☐	☐	☐	☐
二、授课教师评价				
教师组织授课通俗易懂、结构清晰	☐	☐	☐	☐
教师能认真指导学生、因材施教	☐	☐	☐	☐
教师非常关注学生的学习效果	☐	☐	☐	☐
理论和实践的比例安排合理	☐	☐	☐	☐
三、授课内容评价				
课程内容是否适合你的水平	☐	☐	☐	☐
授课中使用的各种学习资料和在线资源是否满意	☐	☐	☐	☐

请回答下列问题：

1. 在教学组织方面，哪些还需要进一步改进？

2. 哪些授课内容你比较满意？哪些方面还需要进一步改进？

3. 哪些授课内容你不感兴趣？为什么？

项目四

Android事件处理

项目介绍：

　　智能终端的软件都是图形化界面的软件，大都通过事件机制来实现人机交互，Android系统设置了完善的事件处理机制，如果用户想和应用程序进行交互，实现相应的功能，那么还需要事件处理来完成。Android 提供的事件处理机制，主要包括以下内容：基于监听的事件处理、基于回调的事件处理、直接绑定到标签、Handler 消息传递机制、异步任务处理等。本项目将详细介绍 Android 常用的事件处理方式。

知识图谱：

项目四　Android 事件处理

学习要求：

1. 素质目标

Android 事件处理机制包含的内容是逻辑与业务的实现。事件处理机制就是用户和 UI 发生交互时，程序执行的响应动作。通过设计开发具有完整事件处理模式的 Android 应用程序组件，提升学生自主、全面的软件开发实践技能，培养学生动手实践和分析解决问题的能力，使其具备良好的团队合作精神。

2. 知识目标

掌握 Android 基于监听事件处理模型；理解基于监听事件处理模型协同工作方式；掌握基于监听事件处理模型的编程步骤；理解实现事件监听器的 4 种形式；掌握基于回调事件处理机制；掌握 View 类的常见回调方法；理解回调方法的返回值的含义；掌握基于回调事件处理的操作技巧；掌握直接绑定到标签的事件处理方式；掌握直接绑定到标签事件处理的操作技巧和注意事项；理解 Android 消息传递机制；理解 Android 消息传递机制的使用方法及操作步骤；掌握通过消息传递机制操作 UI 界面的操作技巧。

3. 能力目标

在 Android Studio 开发环境下，利用 Android 基于监听的事件处理方式实现用户和 UI 交互时响应动作的能力；利用 Android 基于回调的事件处理方式实现完整的事件处理过程的能力；利用 Android 直接绑定到标签的事件处理方式实现人机交互响应的能力；利用 Handler 消息传递机制的原理实现交互事件处理的能力；利用 Android 异步任务处理模式实现事件处理机制的能力。

1+X 证书考点：

工作领域	工作任务	专业技能要求	课程内容
Android 编程	Android 事件处理	掌握逻辑与业务如何实现，掌握基于监听和回调事件处理机制和消息传递机制	任务 1：基于监听的事件处理完成文字设置功能 任务 2：基于回调的事件处理——跟随手指移动的小球 任务 3：直接绑定到标签——改变字体颜色 任务 4：Handler 消息传递机制——图片自动随机播放器
		可以基于 Android UI/Framework 开发技能进行界面的设计	任务 1：实现对手机物理按钮键的控制响应 任务 2：使用直接绑定到标签的事件处理方式来完成此应用交互功能 任务 3：为组件对象注册触摸事件监听器

任务1　基于监听的事件处理

任务描述

党的二十大报告指出：坚持绿水青山就是金山银山的理念，坚持山水林田湖草沙一体化保护和系统治理，全方位、全地域、全过程加强生态环境保护，生态环境保护发生历史性、转折性、全局性变化，我们的祖国天更蓝、山更绿、水更清。

绿水青山就是金山银山的理念深刻揭示了发展与保护的辩证统一关系，良好生态本身蕴含着无穷的经济价值，能够源源不断创造综合效益，实现经济社会可持续发展。牢固树立绿水青山就是金山银山的理念，把绿水青山建设得更美，把金山银山做得更大，我们就一定能走出一条生产发展、生活富裕、生态良好的文明发展道路，让人民群众在绿水青山中共享自然之美、生命之美、生活之美。

①创建一个 Android 应用程序，完成示例文字"绿水青山就是金山银山"的字体颜色设置，要求采用内部类形式来完成事件监听器功能，如图 4-1 所示。

②创建一个 Android 应用程序，完成示例文字"绿水青山就是金山银山"的字体大小设置，要求采用外部类形式来完成事件监听器功能，如图 4-2 所示。

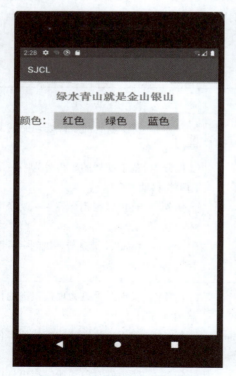

图 4-1　字体颜色设置效果图

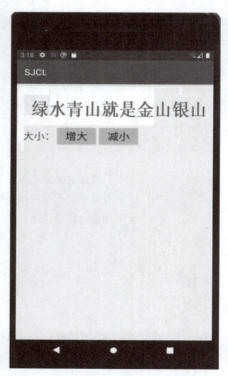

图 4-2　字体大小设置效果图

项目四　Android 事件处理

③创建一个 Android 应用程序，将用户输入的文字作为同步显示的文字，要求采用匿名内部类形式来完成事件监听器功能，如图 4-3 所示。

④创建一个 Android 应用程序，完成示例文字"绿水青山就是金山银山"的字体样式设置，要求采用类自身作为事件监听器实现程序功能，如图 4-4 所示。

图 4-3　文字同步显示效果图

图 4-4　字体样式设置效果图

任务分析

开发此应用需要编辑的文件，见表 4-1。

表 4-1　基于监听的事件处理程序文件列表

文件类型	文件名	操作
布局文件	res/layout/activity_main.xml	编辑
界面程序文件	src/…/MainActivity.java	编辑
Java 程序文件（外部类）	scr/…/OuterListener.java	创建

知识要点

1. 基于监听的事件处理模型

（1）基于监听的事件处理模型中的三类对象

在基于监听的事件处理模型中，主要涉及三类对象：

EventSource（事件源）：产生事件的组件，即事件发生的场所，通常就是各个组件。例如，按钮、菜单等。

Event（事件）：具体某一操作的详细描述，事件封装了界面组件上发生的特定事情（通常就是一次用户操作）。如果程序需要获得事件源上所发生事件的相关信息，一般通过 Event 对象来取得。例如按键事件按下的是哪一个键、触摸事件发生的位置等。

EventListener（事件监听器）：负责监听用户在事件源上的操作，并对用户的各种操作做出相应的响应。事件监听器中可以包含多个事件处理器，一个事件处理器实际上就是一个事件处理方法。

当用户按下一个按钮或者单击某个菜单项时，这些动作就会激发一个相应的事件，该事件就会触发事件源上注册的事件监听器，事件监听器调用对应的事件处理器来做出相应的响应。

（2）事件源、事件、事件监听器协同工作方式

Android 中基于监听的事件处理是一种委派式事件处理方式：普通组件（事件源）将整个事件处理委托给特定的对象（事件监听器）；当该事件源发生指定的事件时，系统自动生成事件对象，并通知所委托的事件监听器，由事件监听器中相应的事件处理器来处理这个事件。基于监听的事件处理模型示意图如图 4-5 所示。

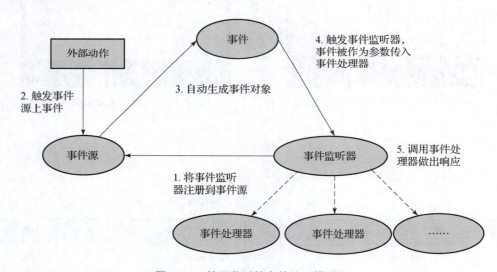

图 4-5　基于监听的事件处理模型图

（3）基于监听的事件处理模型的编程步骤

第 1 步（获取事件源）：获取普通界面控件，即被监听的对象。

第 2 步（实现事件监听器）：实现事件监听器类，该类是一个特殊的 Java 类，必须要实现 XxxListener 接口。

第 3 步（注册监听器）：事件源调用 setXxxListener()方法来注册事件监听器对象。

（4）实现事件监听器的四种形式

内部类形式：将事件监听器类定义为当前类的内部类。

外部类形式：将事件监听器类定义成一个外部类。

类自身作为事件监听器类：让当前的 Activity 类本身实现监听器接口，并实现事件处理器方法。

匿名内部类形式：使用匿名内部类创建事件监听器对象。

2. 使用内部类实现事件监听器

（1）使用内部类实现事件监听器的步骤

第 1 步（定义成员变量）：将内部类中要控制的组件定义为当前 Activity 的成员变量。

第 2 步（获取组件）：在当前 Activity 的 onCreate( ) 方法中获取需要的组件。

第 3 步（定义内部类）：在当前 Activity 中定义内部类成员，并编写事件处理器代码。

第 4 步（创建监听器）：在当前 Activity 的 onCreate( ) 方法中创建监听器。

第 5 步（为事件源注册监听器）：在当前 Activity 的 onCreate( ) 方法中为事件源注册监听器。

（2）使用内部类实现事件监听器的优势

使用内部类实现事件监听器有两个优势：一是使用内部类可以在当前类中复用该监听器类，即多个事件源可以注册同一个监听器。二是使用内部类可以自由访问当前 Activity 类的所有界面控件，内部类实质上是外部类的成员。

使用场合：内部类形式比较适合有多个事件源同时注册同一事件监听器的情形。

3. 使用外部类实现事件监听器

（1）使用外部类实现事件监听器的步骤

第 1 步（定义成员变量）：将要控制的组件定义为 Activity 的成员变量。

第 2 步（获取组件）：在 Activity 的 onCreate( ) 方法中获取需要的组件。

第 3 步（定义外部类）：在 src 目录下的包中创建一个外部类。（由于要控制界面中的组件，需要定义成员变量和带参数的构造方法，将组件作为参数进行传递。）

第 4 步（创建监听器）：在 Activity 的 onCreate( ) 方法中，按照外部类创建监听器。

第 5 步（为事件源注册监听器）：在 Activity 的 onCreate( ) 方法中为事件源注册监听器。

（2）使用外部类实现事件监听器的劣势

使用外部类实现事件监听器的形式比较少见，其原因为：事件监听器通常属于特定的 GUI（图形用户界面），定义成外部类不利于提高程序的内聚性。外部类形式的事件监听器不能自由访问创建 GUI 界面中的组件，编程不够简洁（外部类无法访问，需要用参数来传递）。

使用场合：如果某个事件监听器确实需要被多个 GUI 界面所共享，而且主要是完成某业务逻辑的实现，则可以考虑使用外部类形式定义事件监听器。

4. 使用匿名内部类实现事件监听器

（1）使用匿名内部类实现事件监听器的步骤

第 1 步（定义成员变量）：将要控制的组件定义为 Activity 的成员变量。

第 2 步（获取组件）：在当前 Activity 的 onCreate( )方法中获取需要的组件。

第 3 步（为事件源注册监听器）：在当前的 Activity 的 onCreate( )方法中为事件源注册监听器的同时，创建匿名类的匿名对象作为监听器。

（2）使用匿名内部类实现事件监听器的优势

匿名内部类中访问局部成员变量时，该成员变量必须是 final 修饰的，而对于成员变量则没有这个要求。

大部分时候，事件处理器都没有什么复用价值（可复用代码通常都被抽象成了业务逻辑方法），因此，大部分事件监听器只是临时使用一次，所以使用匿名内部类形式的事件监听器更适合。实际上，这种形式也是目前使用最广泛的事件监听器形式。

5. 使用类自身作为事件监听器

（1）使用类自身作为事件监听器的步骤

第 1 步（定义成员变量）：将要控制的组件定义为 Activity 的成员变量。

第 2 步（获取组件）：在 Activity 的 onCreate( )方法中获取需要的组件。

第 3 步（让本类实现监听器接口）：在本类的声明部分添加要实现的监听器接口，并且实现接口中没有实现的事件处理器方法。

第 4 步（为事件源注册监听器）：在 Activity 的 onCreate( )方法中为事件源注册监听器，监听器为本类的当前对象，即 this。

（2）使用类自身作为事件监听器的优劣

Activity 类本身作为事件监听器，就如同生活中，我们自己刚好能够处理某一件事，不需要委托给他人处理，可以直接在 Activity 类中定义事件处理器方法，这种形式非常简洁。

不推荐使用的原因：可能造成程序结构混乱，Activity 的主要职责是完成界面初始化工作，但此时还需包含事件处理器方法，从而引起混乱。

6. 常见事件监听器接口及其注册方法

①常见事件监听器接口及其处理方法见表 4 – 2。

表 4 – 2 事件监听器接口及其处理方法

事件	接口	处理方法	说明
点击事件	OnClickListener	onClick( )	单击组件时触发
点击事件	OnLongClickListener	onLongClick( )	长按组件时触发
键盘事件	OnKeyListener	onKey( )	处理键盘事件
焦点事件	OnFocusChangeListener	onFocusChange( )	当焦点发生改变时触发
触摸事件	OnTouchListener	onTouch( )	当屏幕上触摸组件时触发
编辑活动事件	OnEditorActionListener	onEditorAction( )	当编辑时触发

项目四　Android事件处理

②View类的常见事件监听器注册方法见表4-3。

表4-3　事件监听器注册方法

方法	说明
setOnClickListener	注册点击事件监听器
setOnLongClickListener	注册长按事件监听器
setOnKeyListener	注册键盘事件监听器
setOnFocusChangeListener	注册焦点事件监听器
setOnTouchListener	注册触摸事件监听器
setOnEditorActionListener	注册编辑活动事件监听器

任务实施

步骤一：完成示例文字"绿水青山就是金山银山"的字体颜色设置（采用内部类形式来完成事件监听器功能）。布局文件activity_main.xml的实现。

```xml
<?xml version = "1.0" encoding = "utf-8"? >
<LinearLayout xmlns:android = "http://schemas.android.com/apk/res/android"
  xmlns:app = "http://schemas.android.com/apk/res-auto"
  xmlns:tools = "http://schemas.android.com/tools"
  android:layout_width = "match_parent"
  android:layout_height = "match_parent"
    android:layout_margin = "30dp"
  android:orientation = "vertical"
  tools:context = ".MainActivity" >
 <TextView
    android:id = "@+id/test"
    android:layout_width = "wrap_content"
    android:layout_height = "wrap_content"
    android:text = "绿水青山就是金山银山"
    android:textSize = "60px"
    android:layout_gravity = "center_horizontal"
    />
 <LinearLayout
    android:orientation = "horizontal"
    android:layout_width = "match_parent"
    android:layout_height = "wrap_content" >
   <TextView
     android:layout_width = "wrap_content"
     android:layout_height = "wrap_content"
     android:text = "颜色:"
     android:textSize = "60px"
     />
```

```xml
<Button
    android:id = "@+id/red"
    android:layout_width = "wrap_content"
    android:layout_height = "wrap_content"
    android:text = "红色"
    android:textSize = "60px"
    />
<Button
    android:id = "@+id/green"
    android:layout_width = "wrap_content"
    android:layout_height = "wrap_content"
    android:text = "绿色"
    android:textSize = "60px"
    />
<Button
    android:id = "@+id/blue"
    android:layout_width = "wrap_content"
    android:layout_height = "wrap_content"
    android:text = "蓝色"
    android:textSize = "60px"
    />
    </LinearLayout>
</LinearLayout>
```

完成示例文字"绿水青山就是金山银山"的字体颜色设置，界面程序文件MainActivity.java的实现。

```java
package com.example.jyjsq;
import androidx.appcompat.app.AppCompatActivity;
import android.graphics.Color;
import android.os.Bundle;
import android.view.View;
import android.widget.Button;
import android.widget.TextView;
public class MainActivity extends AppCompatActivity{
    private TextView test;
    private Button red, green, blue;
    @Override
    protected void onCreate(Bundle savedInstanceState) {
        super.onCreate(savedInstanceState);
        setContentView(R.layout.activity_main);
        //获取组件
        test = (TextView) findViewById(R.id.test);
        red = (Button) findViewById(R.id.red);
        green = (Button) findViewById(R.id.green);
        blue = (Button) findViewById(R.id.blue);
        //创建监听器
        InterListener interListener = new InterListener();
```

```java
    //为事件源注册监听器(注意:多个按钮共用同一个监听器)
    red.setOnClickListener(interListener);
    green.setOnClickListener(interListener);
    blue.setOnClickListener(interListener);
}
//定义内部类(使用内部类实现事件监听器)
private class InterListener implements View.OnClickListener {
    @Override
    public void onClick(View arg0) {
        switch (arg0.getId()) {
            case R.id.red:
                test.setTextColor(Color.RED);
                break;
            case R.id.green:
                test.setTextColor(Color.GREEN);
                break;
            case R.id.blue:
                test.setTextColor(Color.BLUE);
                break;
            default:
                break;
        }
    }
}
```

步骤二:完成示例文字"绿水青山就是金山银山"的字体大小设置(采用外部类形式来完成事件监听器功能)。布局文件 activity_main.xml 的实现。

```xml
<?xml version = "1.0" encoding = "utf-8"?>
<LinearLayout xmlns:android = "http://schemas.android.com/apk/res/android"
    xmlns:app = "http://schemas.android.com/apk/res-auto"
    xmlns:tools = "http://schemas.android.com/tools"
    android:layout_width = "match_parent"
    android:layout_height = "match_parent"
    android:layout_margin = "30dp"
    android:orientation = "vertical"
    tools:context = ".MainActivity" >
    <TextView
        android:id = "@+id/test"
        android:layout_width = "wrap_content"
        android:layout_height = "wrap_content"
        android:text = "绿水青山就是金山银山"
        android:textSize = "60px"
        android:layout_gravity = "center_horizontal"
        />
    <LinearLayout
        android:layout_width = "match_parent"
```

```xml
        android:layout_height = "wrap_content"
        android:orientation = "horizontal" >
        <TextView
            android:layout_width = "wrap_content"
            android:layout_height = "wrap_content"
            android:textSize = "60px"
            android:text = "大小:" />
        <Button
            android:id = "@+id/bigger"
            android:layout_width = "wrap_content"
            android:layout_height = "wrap_content"
            android:textSize = "60px"
            android:text = "增大" />
        <Button
            android:id = "@+id/smaller"
            android:layout_width = "wrap_content"
            android:layout_height = "wrap_content"
            android:textSize = "60px"
            android:text = "减小" />
    </LinearLayout>
</LinearLayout>
```

外部类 OuterListener 程序文件 OuterListener.java 的实现,这个外部类需要实现 OnClickListener 接口。

```java
package com.example.jyjsq;
import android.view.View;
import android.view.View.OnClickListener;
import android.widget.TextView;
//定义外部类
public class OuterListener implements OnClickListener {
    //外部类的成员变量
    private TextView test;
    private float size =10;
    //外部类的带参数构造方法
    public OuterListener(TextView textView){
        this.test = textView;
    }
    //实现事件处理器
    @Override
    public void onClick(View arg0) {
        switch (arg0.getId()) {
        case R.id.bigger:
            size + =4;
            break;
        case R.id.smaller:
            size - =4;
            break;
```

```
        default:
            break;
    }
    if(size>=72){
        size=72;
    }
    if(size<=8){
        size=8;
    }
    test.setTextSize(size);
  }
}
```

完成示例文字"绿水青山就是金山银山"的字体大小设置。界面程序文件 MainActivity. java 的实现。

```
package com.example.jyjsq;
import androidx.appcompat.app.AppCompatActivity;
import android.os.Bundle;
import android.widget.Button;
import android.widget.TextView;
public class MainActivity extends AppCompatActivity {
    private TextView test;
    private Button bigger, smaller;
    @Override
    protected void onCreate(Bundle savedInstanceState) {
        super.onCreate(savedInstanceState);
        setContentView(R.layout.activity_main);
        //获取组件
        test = (TextView) findViewById(R.id.test);
        bigger = (Button) findViewById(R.id.bigger);
        smaller = (Button) findViewById(R.id.smaller);
        //创建监听器,需要根据指定参数来创建
        OuterListener outerListener = new OuterListener(test);
        //为事件源注册监听器
        bigger.setOnClickListener(outerListener);
        smaller.setOnClickListener(outerListener);
    }
}
```

步骤三:完成将用户输入的文字作为同步显示的文字(采用匿名内部类形式来完成事件监听器功能)。布局文件 activity_main.xml 的实现。

```
<?xml version="1.0" encoding="utf-8"?>
<LinearLayout xmlns:android="http://schemas.android.com/apk/res/android"
    xmlns:app="http://schemas.android.com/apk/res-auto"
    xmlns:tools="http://schemas.android.com/tools"
    android:layout_width="match_parent"
```

```xml
        android:layout_height = "match_parent"
          android:layout_margin = "30dp"
        android:orientation = "vertical"
        tools:context = ".MainActivity" >
         <TextView
            android:id = "@+id/test"
            android:layout_width = "wrap_content"
            android:layout_height = "wrap_content"
            android:text = "测试文字"
            android:textSize = "60px"
            android:layout_gravity = "center_horizontal"
            />
         <LinearLayout
            android:layout_width = "match_parent"
            android:layout_height = "wrap_content"
            android:orientation = "horizontal" >
            <TextView
              android:layout_width = "wrap_content"
              android:layout_height = "wrap_content"
              android:textSize = "60px"
              android:text = "内容" />
            <EditText
              android:id = "@+id/content"
              android:layout_width = "match_parent"
              android:layout_height = "wrap_content" />
      </LinearLayout>
</LinearLayout>
```

完成将用户输入的文字作为同步显示的文字。界面程序文件 MainActivity.java 的实现。

```java
package com.example.jyjsq;
import androidx.appcompat.app.AppCompatActivity;
import android.os.Bundle;
import android.view.KeyEvent;
import android.widget.EditText;
import android.widget.TextView;
import android.widget.TextView.OnEditorActionListener;
public class MainActivity extends AppCompatActivity {
    private TextView test;
    private EditText content;
    protected void onCreate(Bundle savedInstanceState) {
        super.onCreate(savedInstanceState);
        setContentView(R.layout.activity_main);
        //获取组件
        test = (TextView) findViewById(R.id.test);
        content = (EditText) findViewById(R.id.content);
        //为事件源注册监听器,监听器为匿名内部类的匿名对象
        content.setOnEditorActionListener(new OnEditorActionListener() {
            @Override
```

```
            public boolean onEditorAction(TextView arg0, int arg1, KeyEvent arg2) {
                test.setText(content.getText().toString().trim());
                return true;
            }
        });
    }
}
```

步骤四：完成示例文字"绿水青山就是金山银山"的字体样式设置（采用类自身作为事件监听器实现程序功能）。布局文件 activity_main.xml 的实现。

```xml
<?xml version="1.0" encoding="utf-8"?>
<LinearLayout xmlns:android="http://schemas.android.com/apk/res/android"
    xmlns:app="http://schemas.android.com/apk/res-auto"
    xmlns:tools="http://schemas.android.com/tools"
    android:layout_width="match_parent"
    android:layout_height="match_parent"
    android:layout_margin="30dp"
    android:orientation="vertical"
    tools:context=".MainActivity">
    <TextView
        android:id="@+id/test"
        android:layout_width="wrap_content"
        android:layout_height="wrap_content"
        android:text="绿水青山就是金山银山"
        android:textSize="60px"
        android:layout_gravity="center_horizontal"
        />
    <LinearLayout
        android:layout_width="match_parent"
        android:layout_height="wrap_content"
        android:orientation="horizontal" >
        <TextView
            android:layout_width="wrap_content"
            android:layout_height="wrap_content"
            android:textSize="60px"
            android:text="样式:" />
        <Button
            android:id="@+id/bold"
            android:layout_width="wrap_content"
            android:layout_height="wrap_content"
            android:textSize="60px"
            android:text="加粗" />
        <Button
            android:id="@+id/italic"
            android:layout_width="wrap_content"
            android:layout_height="wrap_content"
```

```xml
            android:textSize = "60px"
            android:text = "倾斜" />
        <Button
            android:id = "@+id/normal"
            android:layout_width = "wrap_content"
            android:layout_height = "wrap_content"
            android:textSize = "60px"
            android:text = "默认" />
    </LinearLayout>
</LinearLayout>
```

完成示例文字"绿水青山就是金山银山"的字体样式设置。界面程序文件 MainActivity.java 的实现。

```java
package com.example.jyjsq;
import androidx.appcompat.app.AppCompatActivity;
import android.graphics.Typeface;
import android.os.Bundle;
import android.view.View;
import android.view.View.OnClickListener;
import android.widget.Button;
import android.widget.TextView;
public class MainActivity extends AppCompatActivity implements OnClickListener {
    //定义成员变量
    private TextView test;
    private Button bold, italic, normal;
    private int flag = 0;
    @Override
    protected void onCreate(Bundle savedInstanceState) {
        super.onCreate(savedInstanceState);
        setContentView(R.layout.activity_main);
        //获取组件
        test = (TextView) findViewById(R.id.test);
        bold = (Button) findViewById(R.id.bold);
        italic = (Button) findViewById(R.id.italic);
        normal = (Button) findViewById(R.id.normal);
        //为事件源注册监听器,监听器为当前界面对象
        bold.setOnClickListener(this);
        italic.setOnClickListener(this);
        normal.setOnClickListener(this);
    }
        //实现接口中没有实现的事件处理器方法
    @Override
    public void onClick(View v) {
        //flag = 0 表示默认,flag = 1 表示粗体,
        //flag = 2 表示倾斜,flag = 3 表示既是粗体又是倾斜
    switch(v.getId()) {
```

```
        case R.id.bold:
          if(flag == 2 || flag == 3){
            test.setTypeface(Typeface.MONOSPACE, Typeface.BOLD_ITALIC);
            flag = 3;
          }else{
            test.setTypeface(Typeface.MONOSPACE, Typeface.BOLD);
            flag = 1;
          }
          break;
        case R.id.italic:
          if(flag == 1 || flag == 3){
            test.setTypeface(Typeface.MONOSPACE, Typeface.BOLD_ITALIC);
            flag = 3;
          }else{
            test.setTypeface(Typeface.MONOSPACE, Typeface.ITALIC);
            flag = 2;
          }
          break;
        case R.id.normal:
          test.setTypeface(Typeface.MONOSPACE, Typeface.NORMAL);
          flag = 0;
          break;
        default:
          break;
      }
    }
}
```

知识巩固

1. 在 OnEditorActionListener 接口中的事件处理器方法是（   ）。

  A. onClick（ ）　　　　　　　　　B. onCreate（ ）

  C. onEditorAction（ ）　　　　　　D. setOnEditorActionListener（ ）

2. 为按钮注册点击事件监听器的方法是（   ）。

  A. findViewById（ ）　　　　　　　B. setOnClickListener（ ）

  C. onClick（ ）　　　　　　　　　D. onCreate（ ）

3. 使用类自身实现为按钮设置监听器时，监听器的名称是（   ）。

  A. listener　　　　　　　　　　　B. OuterListener

  C. InnerListener　　　　　　　　　D. this

4. public class innerListener implements onClickListener 代码功能是（   ）。

  A. 使用匿名内部类实现事件监听器

  B. 使用外部类实现事件监听器

  C. 使用类本身实现事件监听器

  D. 使用内部类实现事件监听器

5. 基于监听的事件处理模型中的三个对象，分别是（   ）。
   A. 事件处理器   B. 事件源   C. 事件   D. 事件监听器
6. 实现事件监听器的形式有（   ）。
   A. 内部类形式   B. 外部类形式   C. 类本身   D. 匿名内部类

任务 2　基于回调的事件处理——跟随手指移动的小球

任务描述

如果说事件监听机制是一种委托式的事件处理，那么回调机制则与之相反。对于基于回调的事件处理模型来说，事件源和事件监听器是统一的，或者说事件监听器完全消失了。当用户在 GUI 控件上激发某个事件时，控件自己特定的方法将会负责处理该事件。

为了使用回调机制来处理 GUI 控件上所发生的事件，需要为该组件提供对应的事件处理方法，而 Java 又是一种静态语言，无法为每个对象动态地添加方法，因此只能通过继承 GUI 控件类，并重写该类的事件处理方法来实现（这就相当于要定义个性化的自定义组件）。在 Android 中，回调机制到处都可以看到。可以理解为控件自己特定的方法是自动调用的。

①创建一个 Android 应用程序，实现一个跟随手指移动的小球，要求使用回调事件处理方式来完成交互功能，如图 4-6 所示。

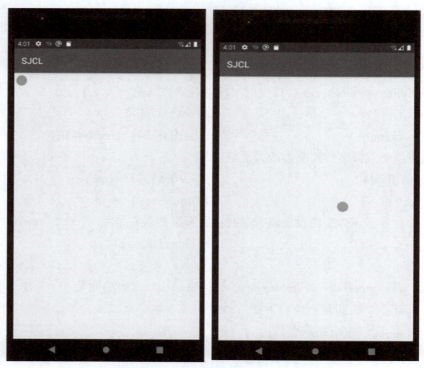

图 4-6　跟随手指移动的小球效果图

②创建一个 Android 应用程序,实现对手机物理按键的控制响应,要求使用回调事件处理方式来完成交互功能,如图 4-7 所示。

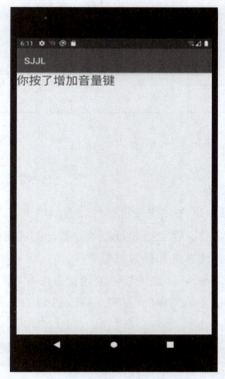

图 4-7　对手机物理按键控制响应效果图

任务分析

【跟随手指移动的小球程序分析】

- 开发自定义的 UI 组件,它可以在指定位置绘制一个小球,这个小球的位置是动态的。小球随着手指在屏幕上拖动的位置而变化。
- 程序随时监听手指动作,把手指动作的位置传入自定义的 UI 组件,并通知该组件进行重绘。

开发此应用需要编辑的文件见表 4-4。

表 4-4　跟随手指移动小球程序的文件列表

文件类型	文件名	操作
布局文件	res/layout/activity_main.xml	编辑
自定义组件类	src/…/DrawView.java	创建
界面程序文件	src/…/MainActivity.java	编辑

【对手机物理按键控制响应程序分析】

开发此应用需要编辑的文件见表4-5。

表4-5 手机物理按键控制响应程序的文件列表

文件类型	文件名	操作
布局文件	res/layout/activity_main.xml	编辑
界面程序文件	src/···/MainActivity.java	编辑

知识要点

1. 基于回调事件处理简介

当用户与UI控件发生某个事件（如按下事件、滑动事件、双击事件）时，程序会调用控件自己特定的方法处理该事件，这个处理过程就是基于回调机制的事件处理。基于回调机制的事件处理包含处理物理按键事件和处理触摸事件。

在处理物理按键事件时，Android系统提供的回调方法有onKeyDown()、onKeyUp()等。

处理触摸事件时，Android系统提供的回调方法有onTouchEvent()、onFocusChanged()等。

2. View类的常见回调方法

在Android中，每个View都有自己处理事件的回调方法，开发人员可以通过重写View中的这些回调方法来实现响应的事件。

（1）View类的常见回调方法

Boolean onKeyDown(int keyCode, KeyEvent event)：是接口KeyEvent.Callback中的抽象方法，用于捕捉手机键盘被按下的事件。参数keyCode为被按下的键值即键盘码，参数event为按键事件的对象，封装了包含触发事件的详细信息，如事件的状态、类型、发生的时间等。即当用户在该组件上按下某个按钮时触发该方法。

boolean onKeyUp(int keyCode, KeyEvent event)：用于捕捉手机键盘按键抬起的事件。即当用户在该组件上松开某个按键时触发该方法。

boolean onTouchEvent(MotionEvent event)：该方法在View类中定义。该方法用于处理手机屏幕的触摸事件，包括屏幕被按下、屏幕被抬起、在屏幕中拖动。当用户在该组件上触发触摸屏事件时触发该方法。

boolean onKeyLongPress(int keyCode, KeyEvent event)：当用户在该组件上长按某个按键时触发该方法。

boolean onKeyShortcut(int keyCode, KeyEvent event)：当一个键盘快捷键事件发生时触发该方法。

boolean onTrackballEvent(MotionEvent event)：当用户在该组件上触发轨迹球事件时，触发该方法。

(2) 回调方法的返回值

几乎所有基于回调的处理方法都有一个布尔类型的返回值，该返回值用于标识该处理方法能否完全处理该事件。

如果返回 true，表明该处理方法已完全处理该事件，该事件不会传播出去。

如果返回 false，表明该处理方法并未完全处理该事件，该事件会传播出去

对于基于回调事件传播而言，某组件上所发生的事件不仅激发该组件上的回调方法，还会触发该组件所在 Activity 的回调方法（前提是事件能传播到 Activity）。

(3) 事件传播顺序

最先触发的是该组件所绑定的事件监听器，接着触发该组件通过的事件回调方法，最后传播到该组件所在的 Activity。如果让任何一个事件处理方法返回 true，那么该事件将不会继续向外传播。

3. 关于键盘码参数说明

onKeyDown( )方法是接口 KeyEvent.Callback 中的抽象方法。参数 keyCode 是指手机键盘中的键盘码。手机中的按键都有对应着的键盘码，包括电源键、音量的 +、- 键、Home 键等。例如，返回键的键盘码是 4，可以通过判断返回的 keyCode 是什么数值来判断用户按下的是什么按键。按键说明见表 4-6。

表 4-6　按键说明

物理按键	按键事件	说　　明
电源键	KEYCODE_POWER	启动或唤醒设备，将界面切换到锁定的屏幕
后退键	KEYCODE_BACK	返回前一个界面
菜单键	KEYCODE_MENU	显示当前应用的可用菜单
HOME键	KEYCODE_HOME	返回到HOME界面
搜索键	KEYCODE_SEARCH	在当前应用中启动搜索
相机键	KEYCODE_CAMERA	启动相机
音量键	KEYCODE_VOLUME_UP KEYCODE_VOLUME_DOWN	控制当前上下文音量，例如音乐播放器、手机铃声、通话音量等
方向键	KEYCODE_DPAD_CENTER KEYCODE_DPAD_UP KEYCODE_DPAD_DOWN KEYCODE_DPAD_LEFT KEYCODE_DPAD_RIGHT	某些设备中包含的方向键，用于移动光标等
键盘键	KEYCODE_0, …, KEYCODE_9, KEYCODE_A, …, KEYCODE_Z	数字0~9、字母A~Z等按键

Android 中的控件在处理物理按键事件时，提供的回调方法有 onKeyUp( )、onKeyDown( ) 和 onKeyLongPress( )。

任务实施

步骤一：实现一个跟随手指移动的小球（使用回调事件处理方式来完成交互功能）。布局文件 activity_main.xml 的实现。

```xml
<?xml version="1.0" encoding="utf-8"?>
<FrameLayout xmlns:android="http://schemas.android.com/apk/res/android"
    xmlns:tools="http://schemas.android.com/tools"
    android:id="@+id/root"
    android:layout_width="match_parent"
    android:layout_height="match_parent"
    tools:context=".MainActivity">
</FrameLayout>
```

完成自定义组件类的创建。程序文件 DrawView.java 的实现。

```java
package com.example.callback;
import android.content.Context;
import android.graphics.Canvas;
import android.graphics.Color;
import android.graphics.Paint;
import android.view.MotionEvent;
import android.view.View;
public class DrawView extends View {
    //成员变量:表示当前的手指在屏幕上的 x 坐标和 y 坐标
    public float currentX = 40;
    public float currentY = 40;
    //带参构造方法
    public DrawView(Context context) {
        super(context);
    }
    //重写回调方法 onDraw():用于绘制小球
    public void onDraw(Canvas canvas) {
        super.onDraw(canvas);
        //创建画笔
        Paint p = new Paint();
        //设置画笔颜色
        p.setColor(Color.CYAN);
        //在画布上,按照指定的原点和半径,绘制小球
        canvas.drawCircle(currentX, currentY, 30, p);
    }
    //重写回调方法 onTouchEvent():用于处理触摸事件
    @Override
    public boolean onTouchEvent(MotionEvent event) {
        super.onTouchEvent(event);
        //修改 draw 组件的 currentX、currentY 两个属性
        currentX = event.getX();
        currentY = event.getY();
        invalidate();//通知重绘 draw 组件
        return true;//设置该事件不会传播出去
    }
}
```

实现一个跟随手指移动的小球。界面程序文件 MainActivity.java 的实现。

项目四　Android 事件处理

```java
package com.example.callback;
import androidx.appcompat.app.AppCompatActivity;
import android.os.Bundle;
import android.widget.FrameLayout;
public class MainActivity extends AppCompatActivity {
  @Override
  protected void onCreate(Bundle savedInstanceState) {
    super.onCreate(savedInstanceState);
    setContentView(R.layout.activity_main);
    FrameLayout root = (FrameLayout)findViewById(R.id.root);
    //创建自定义组件,并设置最小高度和宽度
    final DrawView draw = new DrawView(this);
    root.addView(draw);//将组件添加到布局文件中
  }
}
```

步骤二：实现对手机物理按钮键的控制响应（使用回调事件处理方式来完成交互功能）。布局文件 activity_main.xml 的实现。

```xml
<?xml version = "1.0" encoding = "utf-8"?>
<RelativeLayout xmlns:android = "http://schemas.android.com/apk/res/android"
  xmlns:tools = "http://schemas.android.com/tools"
  android:layout_width = "match_parent"
  android:layout_height = "match_parent"
  tools:context = ".MainActivity" >
  <TextView
    android:id = "@+id/text"
    android:layout_width = "wrap_content"
    android:layout_height = "wrap_content"
    android:text = "Hello World!" />
</RelativeLayout>
```

实现对手机物理按钮键的控制响应。界面程序文件 MainActivity.java 的实现。

```java
package com.example.onkeydown;
import androidx.appcompat.app.AppCompatActivity;
import android.os.Bundle;
import android.view.KeyEvent;
import android.widget.TextView;
public class MainActivity extends AppCompatActivity {
  private TextView text;
  @Override
  protected void onCreate(Bundle savedInstanceState) {
    super.onCreate(savedInstanceState);
    setContentView(R.layout.activity_main);
    text = findViewById(R.id.text);
  }
  //重写 onKeyDown()回调方法
```

```java
@Override
public boolean onKeyDown(int keyCode, KeyEvent event) {
    super.onKeyDown(keyCode, event);
    switch (keyCode) {
        case KeyEvent.KEYCODE_VOLUME_UP:
            text.setText("你按了增加音量键");
            break;
        case KeyEvent.KEYCODE_VOLUME_DOWN:
            text.setText("你按了减小音量键");
            break;
        case KeyEvent.KEYCODE_SEARCH:
            text.setText("你按了搜索键");
            break;
        case KeyEvent.KEYCODE_BACK:
            text.setText("你按了返回键");
            break;
        default:
            break;
    }
    return true;//设置该事件不会传播出去。修改返回,观察按键交互反应
}
```

知识巩固

1. 在 XML 布局文件中，可以使用自定义的组件。使用时，自定义组件的标签是（   ）。

  A. 自定义组件的类名　　　　　　　　B. 自定义组件的包名

  C. 自定义组件的类名 + 包名　　　　　D. 直接使用

2. 触摸事件的回调方法是（   ）。

  A. onTouchEvent( )　　　　　　　　　B. onKeyUp( )

  C. onKeyDown( )　　　　　　　　　　D. onTouch( )

3. 布尔类型的回调方法，其返回值用于标识该处理方法能否完全处理该事件。如果返回 true，表明该处理方法（   ）完全处理该事件，该事件（   ）传播出去；如果返回 false，表明该处理方法并（   ）完全处理该事件，该事件（   ）传播出去。

  A. 已　不会　已　会　　　　　　　　B. 已　不会　未　会

  C. 未　不会　已　会　　　　　　　　D. 未　会　已　不会

4. 键盘长按会触发（   ）回调方法。

  A. onKeyDown( )　　　　　　　　　　B. onKeyUp( )

  C. onKeyLongDown( )　　　　　　　　D. onKeyLongPress( )

5. onKeyDown 是（   ）接口的抽象方法。

  A. KeyEvent.Callback　　　　　　　　B. KeyEvent.keyCode

  C. keyEvent.keyCode　　　　　　　　D. keyEvent.Callback

6. 当监听器、回调方法和 Activity 的回调方法都设置为 false 时,事件传播的顺序是( )。
    A. 无顺序
    B. 先回调方法,再监听器,最后 Activity 的回调方法
    C. 先监听器,再回调方法,最后 Activity 的回调方法
    D. 先 Activity 的回调方法,再监听器,最后回调方法

任务3 直接绑定到标签——改变字体颜色

任务描述

党的二十大报告指出:新时代的伟大成就是党和人民一道拼出来、干出来、奋斗出来的。为民造福是立党为公、执政为民的本质要求。必须坚持在发展中保障和改善民生,鼓励共同奋斗创造美好生活,不断实现人民对美好生活的向往。下面使用直接绑定到标签的事件处理方式来完成"美好生活"字体颜色的改变。

① 创建一个 Android 应用程序,完成示例,实现单击颜色按钮改变文字颜色,如图 4-8 所示。

② 要求使用直接绑定到标签的事件处理方式来完成此应用交互功能。

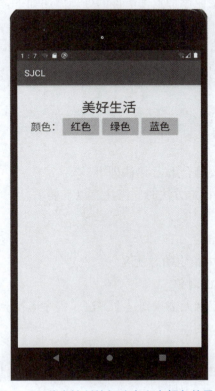

图 4-8 单击控制按钮改变文字颜色效果图

任务分析

在布局文件中，为 3 个按钮设置点击事件 onClick 属性，其属性值命名一个方法名，这里方法名命名为 changeColor。

开发此应用需要编辑的文件见表 4-7。

表 4-7 单击控制按钮改变文字颜色程序的文件列表

文件类型	文件名	操作
布局文件	res/layout/activity_main.xml	编辑
界面程序文件	src/…/MainActivity.java	编辑

知识要点

1. 直接绑定到标签简介

Android 提供了一种更简便的直接在界面布局文件中，为指定标签绑定事件处理方法的机制。对于很多 Android 界面控件而言，它们都支持 onClick、onLongClick 等属性，这些属性的属性值是一个形如 xxx(View source) 方法的方法名。

例如，在布局文件中为按钮添加点击事件的处理方法如下：

```xml
<Button
android:id = "@ + id/login"
android:layout_width = "wrap_content"
android:layout_height = "wrap_content"
android:text = "登录"
android:onClick = "myclick"/>
```

2. 注意事项

布局文件中的方法名只要符合 Java 语法即可。

在 Activity 中，定义这个指定方法时，需注意以下要求：

- 方法访问权限：public。
- 方法返回值类型：void。
- 方法名：在布局文件中指定的方法名。
- 方法参数：View 类型的对象。

如果上述内容有错，程序就无法找到这个方法，程序运行会出错。

任务实施

步骤一：实现单击颜色按钮改变文字颜色设置（使用直接绑定到标签的事件处理方式来完成此应用交互功能）。布局文件 activity_main.xml 的实现。

```xml
<?xml version="1.0" encoding="utf-8"?>
<LinearLayout xmlns:android="http://schemas.android.com/apk/res/android"
    xmlns:tools="http://schemas.android.com/tools"
    android:layout_width="match_parent"
    android:layout_height="match_parent"
    android:orientation="vertical"
    tools:context=".MainActivity" >
    <TextView
        android:id="@+id/test"
        android:layout_width="match_parent"
        android:layout_height="wrap_content"
        android:gravity="center_horizontal"
        android:textSize="30dp"
        android:text="美好生活" />
    <LinearLayout
        android:layout_width="match_parent"
        android:layout_height="wrap_content"
        android:orientation="horizontal" >
        <TextView
            android:layout_width="wrap_content"
            android:layout_height="wrap_content"
            android:text="颜色:" />
        <Button
            android:id="@+id/red"
            android:layout_width="wrap_content"
            android:layout_height="wrap_content"
            android:onClick="changColor"
            android:text="红色" />
        <Button
            android:id="@+id/green"
            android:layout_width="wrap_content"
            android:layout_height="wrap_content"
            android:onClick="changColor"
            android:text="绿色" />
        <Button
            android:id="@+id/blue"
            android:layout_width="wrap_content"
            android:layout_height="wrap_content"
            android:onClick="changColor"
            android:text="蓝色" />
    </LinearLayout>
</LinearLayout>
```

步骤二：实现单击颜色按钮改变文字颜色设置。界面程序文件 MainActivity.java 的实现。

```
package com.example.onkeydown;
import androidx.appcompat.app.AppCompatActivity;
import android.graphics.Color;
```

```java
import android.os.Bundle;
import android.view.KeyEvent;
import android.view.View;
import android.widget.TextView;
public class MainActivity extends AppCompatActivity {
    private TextView test;
    @Override
    protected void onCreate(Bundle savedInstanceState) {
        super.onCreate(savedInstanceState);
        setContentView(R.layout.activity_main);
        test = findViewById(R.id.test);
    }
    //第3步:定义成员方法 changColor(),用于响应按钮的点击事件。
    public void changColor(View v) {
        //参数 v 是发生点击事件的事件源
        switch (v.getId()) {
            case R.id.red:
                test.setTextColor(Color.RED);
                break;
            case R.id.green:
                test.setTextColor(Color.GREEN);
                break;
            case R.id.blue:
                test.setTextColor(Color.BLUE);
                break;
            default:
                break;
        }
    }
}
```

知识巩固

1. 在布局文件中为按钮添加点击事件的处理方法，方法参数的要求（　　）。

A. View 类型的对象　　　　　　　　B. 省略参数

C. 任意类型　　　　　　　　　　　　D. 整型参数

2. 在界面布局文件中，为标签指定支持的_____属性绑定事件处理方法，可以实现点击事件的响应。

任务 4　Handler 消息传递机制——图片自动随机播放器

任务描述

通过一个"红色记忆"主题图片展示平台，追寻红色记忆，传承红色精神。通过爱国主义教育基地、长征纪念馆纪念地、抗战纪念馆纪念地、解放战争纪念馆纪念地、红色旅游经典景区等的珍贵图片，触摸那些红色记忆光辉历程。

①创建一个 Android 应用程序，实现一个图片自动随机播放器的功能。

②当单击"播放"按钮时，开始自动、随机地播放照片。

③当单击"停止"按钮时，停止播放照片，如图 4-9 所示。

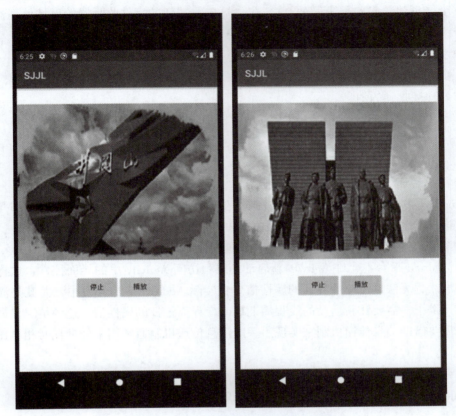

图 4-9　图片自动随机播放器效果图

任务分析

开发此应用需要编辑的文件见表 4-8。

表 4-8　照片自动随机播放器的文件列表

文件类型		文件名	操作
资源文件	图片资源	res/drawable/img01.png…img10.png	添加
	布局文件	res/layout/activity_main.xml	编辑
界面程序文件		src/…/MainActivity.java	编辑

【照片自动随机播放器程序分析】

在界面程序文件 MainActivity.java 中（即主线程中），主要完成以下 4 步工作：

第1步（定义成员变量）：定义了4个成员变量，分别用于保存图片视图、图片资源数组、消息处理对象、循环控制变量。

第2步（获取组件）：在 onCreate( )方法中，获取要显示的图片视图组件，控制播放和停止的按钮，并为按钮组件设置点击事件监听器。

第3步（创建、启动子线程对象）：在"播放"按钮的事件监听器的事件处理器中，创建一个子线程对象，并设置子线程的运行内容。具体内容为生成随机数、获取消息、为消息设置标识及携带的数据、向 Handler 发送消息。

第4步（创建 Handler 对象）：在 onCreate( )方法中，创建一个消息处理对象 handler，来分析、处理接收到的消息。

知识要点

1. Handler 消息传递机制

（1）消息传递机制

在 Android 中，也引入了消息传递机制。在 Android 中，默认情况下，所有的操作都在主线程中进行，主线程负责管理与 UI 相关的事件，而在用户自己创建的子线程中，不能对 UI 组件进行操作。因此，Android 通过消息传递机制来解决这一问题。

由于 Android 平台不允许 Activity 新启动的线程访问 Activity 里的界面控件，这样就会导致新启动的线程无法动态改变界面的属性值。在实际 Android 应用开发中，尤其是涉及动画的游戏的开发中，需要让新启动的线程周期地改变界面控件的属性值，这种情况该如何实现呢？这就需要借助消息传递机制来实现。一般消息传递机制通常用来处理耗时相对比较长的操作。

（2）消息传递机制涉及的主要知识点

在 Android 中消息传递机制主要涉及的知识点：

- 线程
- 消息循环（Looper）
- 消息（Message）
- 消息处理（Handler）

在 Android 操作系统中，存在着消息队列的操作，用消息队列可以完成主线程和子线程之间的消息传递，要想完成这些线程的消息操作，则需要使用 Looper、Message 和 Handler 类，这3个类的关系如图4-10所示。

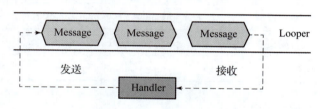

图4-10 消息操作示意图

这 3 个类的关系就好比：Looper 是一个正在排队买东西的队伍，每一个排队的人是一个 Message，而一个维护队伍的管理员就相当于一个 Handler，管理员负责通知队外的人进到队伍中等待，也负责通知队列中的人离开队伍。

Looper、Message 和 Handler 这 3 个操作类都是在 android.os 包中定义的。

（3）消息传递机制的操作步骤

在 Android 的界面程序文件中（即主线程中），主要完成以下 4 步工作：

第 1 步（定义成员变量）：定义应用中需要的成员变量。

第 2 步（获取组件）：在 onCreate( ) 方法中获取需要的组件，并根据需要进行相应的设置，如属性设置、注册监听器等。

第 3 步（创建、启动子线程对象）：在需要的地方创建、启动子线程对象，并设置子线程的运行内容。主要内容有：获取消息对象、为消息对象设置标识及携带的数据、向消息处理对象发送消息、设置线程休眠（耗时操作）等。

第 4 步（创建消息处理对象）：在 onCreate( ) 方法中，创建一个消息处理对象，用来接收、分析、处理消息，并根据消息内容来控制 UI 界面。

2. 线程

在程序开发时，对于一些比较耗时的操作，通常会为其开辟一个单独的线程来执行，以尽可能减少用户的等待时间。

在 Android 中默认情况下，所有的操作都在主线程中进行，主线程负责管理与 UI 相关的事件，而在用户自己创建的子线程中，不能对 UI 组件进行操作。因此，Android 通过了消息传递机制来解决这一问题。

（1）创建线程

在 Android 中，提供了两种创建线程的方法：一种是通过 Thread 类的构造方法创建线程对象，并重写 run( ) 方法；另一种是通过实现 Runnable 接口，并实现其中的 run( ) 方法。

（2）开启线程

线程创建对象之后，还需要开启线程，线程才能执行。Thread 类提供了 start( ) 方法来开启线程。

（3）线程休眠

线程的休眠就是让线程暂停一段时间后再执行。可以使用 Thread 类的 sleep(long time) 方法来让线程休眠指定的时间。方法 sleep(long time) 的参数 time 用于指定休眠时间，单位为毫秒。

（4）中断线程

当需要中断指定的线程时，可以使用 Thread 类提供的 interrupt( ) 方法来实现。使用 interrupt( ) 方法可以向指定线程发送一个中断请求，并将该线程标记为中断状态。

3. 消息循环 Looper

在 Android 中，一个线程对应一个 Looper，而一个 Looper 对象又对应一个 MessageQueue（消息队列）。MessageQueue 用于存放 Message（消息），在 MessageQueue 中，存放的消息按照先进先出的原则执行。

Looper 对象用来为一个线程开启一个消息循环,从而操作 MessageQueue。默认情况下,Android 中新创建的线程是没有开启消息循环的,但是主线程除外。系统自动为主线程创建 Looper 对象,开启消息循环。所以,在主线程中应用代码 Handler handler = new Handler();创建 Handler 对象时不会出错,而如果在非主线程中应用这行代码创建 Handler 对象,就会产生异常。

如果想要在非主线程中创建 Handler 对象,首先需要使用 Looper 类的 prepare()方法来初始化一个 Looper 对象,然后创建该 Handler 对象,再使用 Looper 类的 loop()方法启动 Looper,从消息队列中获取和处理消息。

在使用 Handler 处理 Message 时,都需要一个 Looper 通道完成,当用户取得一个 Handler 对象时,实际上都通过 Looper 完成。在一个 Activity 类中,会自动帮助用户启动 Looper 对象,而若是在一个用户自定义的类中,则需要用户手工调用 Looper 类中的若干方法,之后才可以正常启动 Looper 对象。Looper 常用方法见表 4-9。

表 4-9　Looper 常用方法列表

方法	说明
public static Looper getMainLooper()	取得主线程
public static Looper myLooper()	返回当前线程
public static void prepare()	初始化 Looper 对象
public static void prepareMainLooper()	初始化主线程 Looper 对象
public void quit()	用于结束 Looper 循环
public static void loop()	启动消息队列,线程会从消息队列中获取和处理消息

4. 消息处理类 Handler

(1) Handler 作用

消息处理类 Handler 允许发送和处理 Message 或 Runnable 对象到其所在线程的 MessageQueue 中。Handler 有以下两个作用:

- 在主线程中获取、处理消息

将 Message 或 Runnable 应用 post()或 sendMessage()方法发送到 MessageQueue 中,在发送时可以指定延长时间、发送时间及要携带的 Bundle 数据。当 MessageQueue 循环到该 Message 时,调用相应的 Handler 对象的 handleMessage()方法对其进行处理。

- 在启动的子线程中发送消息

在子线程中与主线程进行通信,也就是在工作线程中与 UI 线程进行通信。

(2) Handler 常用方法

Message 对象封装了所有消息,而这些消息的操作需要 android. os. Handler 类完成。Handler 类定义的常用方法见表 4-10。

表 4–10　Handler 类定义的常用方法列表

方法	说明
public Handler( )	创建一个新的 Handler 类实例
public Handler（Looper looper）	使用指定的队列创建一个新的 Handler 类实例
public final Message obtainMessage( )	获得一个空的 Message 对象
public final Message obtainMessage（int what）	获得一个 Message 对象
public final Message obtainMessage（int what, Object obj）	获得一个 Message 对象
public final Message obtainMessage（int what, int arg1, int arg2）	获得一个 Message 对象
public final Message obtainMessage（int what, int arg1, int arg2, Object obj）	获得一个 Message 对象
public void handleMessage（Message msg）	处理消息的方法，子类要覆写此方法
public final boolean hasMessages（int what）	判断是否有指定的消息
public final boolean hasMessages（int what, Object object）	判断是否有指定的消息
public final void removeMessages（int what）	删除指定的消息
public final void removeMessages（int what, Object object）	删除指定的消息
public final boolean sendEmptyMessage（int what）	发送一个空消息
public final boolean sendEmptyMessageAtTime（int what, long uptimeMillis）	在指定的日期时间发送消息
public final boolean sendEmptyMessageDelayed（int what, long delayMillis）	等待指定的时间之后发送消息
public final boolean sendMessage（Message msg）	发送消息

以上方法都是用于操作 Message 的，可以向队列中添加 Message，也可以从队列中删除指定的 Message。

5. 消息类 Message

android. os. Message 类是消息类，主要功能是进行消息的封装，同时可以指定消息的操作形式。也就是 Message 类被存放在 MessageQueue 中，MessageQueue 中可以包含多个 Message 对象，每个 Message 对象可以通过 Message. obtain（）方法或 Handler. obtainMssage（）方

法获得。

Message 类定义的变量及常用方法见表 4-11。

表 4-11 Message 类定义的变量及常用方法列表

变量或方法	类型	说明
public int what	变量	用于定义此 Message 属于何种操作
public Object obj	变量	用于定义此 Message 传递的信息数据
public int arg1	变量	传递一些整型数据时使用
public int arg2	变量	传递一些整型数据时使用
public Handler getTarget()	方法	取得操作此消息的 Handler 对象

说明：使用 Message 类的属性可以携带 int 型数据，如果要携带其他类型的数据，可以将要携带的数据保存到 Bundle 对象中，然后通过 Message 类的 setData() 方法将其添加到 Message 中。

注意事项：

● 尽管 Message 有 public 的默认构造方法，但是通常情况下，需要使用 Message.obtain() 方法或 Handler.obtainMssage() 方法来从消息队列中获得空消息对象，以节省资源。

● 如果一个 Message 只需要携带简单的 int 信息，应该优先使用 Message.arg1 和 Message.arg2 属性来传递信息，这比用 Bundle 节省内存。

● 尽可能使用 Message.what 来标识消息，以便用不同方式处理 Message。

任务实施

步骤一：实现一个照片自动随机播放器的功能。布局文件 activity_main.xml 的实现。

```xml
<?xml version = "1.0" encoding = "utf-8"? >
<LinearLayout xmlns:android = "http://schemas.android.com/apk/res/android"
    xmlns:tools = "http://schemas.android.com/tools"
    android:layout_width = "match_parent"
    android:layout_height = "match_parent"
    android:orientation = "vertical"
    tools:context = ".MainActivity" >
    <ImageView
        android:id = "@ + id/img"
        android:layout_width = "match_parent"
        android:layout_height = "wrap_content"
        android:src = "@drawable/img01" />
    <LinearLayout
        android:layout_width = "match_parent"
        android:layout_height = "wrap_content"
        android:orientation = "horizontal"
```

```xml
        android:gravity = "center_horizontal"
        >
        <Button
            android:id = "@+id/stop"
            android:layout_width = "wrap_content"
            android:layout_height = "wrap_content"
            android:text = "停止" />
        <Button
            android:id = "@+id/start"
            android:layout_width = "wrap_content"
            android:layout_height = "wrap_content"
            android:text = "播放" />
    </LinearLayout>
</LinearLayout>
```

步骤二：实现一个照片自动随机播放器的功能设置（当单击"播放"按钮时，开始自动地随机地播放照片；当单击"停止"按钮时，停止播放照片）。界面程序文件 MainActivity.java 的实现。

```java
package com.example.onkeydown;
import androidx.appcompat.app.AppCompatActivity;
import android.os.Bundle;
import android.os.Handler;
import android.os.Message;
import android.view.View;
import android.view.View.OnClickListener;
import android.widget.Button;
import android.widget.ImageView;
import java.util.Random;
public class MainActivity extends AppCompatActivity {
    private ImageView img;//图片视图
    private Handler handler;//消息处理
    private boolean flag = false;//用作循环控制变量
    //第1步:图片资源数组
    private int[] path = new int[]{ R.drawable.img01 , R.drawable.img02 ,
        R.drawable.img03 , R.drawable.img04 };
    @Override
    protected void onCreate(Bundle savedInstanceState) {
        super.onCreate(savedInstanceState);
        setContentView(R.layout.activity_main);
        //第2步:获取组件
        img = (ImageView) findViewById(R.id.img);
        Button start = (Button) findViewById(R.id.start);
        Button stop = (Button) findViewById(R.id.stop);
        stop.setOnClickListener(new OnClickListener() {
            @Override
            public void onClick(View arg0) {
                flag = false;
```

```java
            }
        });
        start.setOnClickListener(new OnClickListener() {
            @Override
            public void onClick(View arg0) {
                flag = true;
                //第3步(创建子线程对象):创建匿名的子线程对象,并设置子线程的运行内容,之后启动它。
                new Thread(new Runnable() {
                    //实现 Runnable 接口中的 run()方法
                    @Override
                    public void run() {
                        //用于保存要显示的图片资源序号
                        int index = 0;
                        while(flag) {
                            //随机生成要显示的图片资源序号
                            index = new Random().nextInt(path.length);
                            //获取一个消息对象
                            Message m = handler.obtainMessage();
                            //设置消息对象携带的 int 型数据
                            m.arg1 = index;
                            //设置消息对象的标记值
                            m.what = 0x101;
                            //发送消息
                            handler.sendMessage(m);
                            try {
                                //设置线程休眠2秒
                                Thread.sleep(2000);
                            } catch (InterruptedException e) {
                                e.printStackTrace();
                            }
                        }
                    }
                }).start();
            }
        });
        //第4步(创建 Handler 对象):创建消息处理对象,来分析、处理接收到的消息
        handler = new Handler() {
            @Override
            public void handleMessage(Message msg) {
                super.handleMessage(msg);
                //判断是否为子线程消息的标记
                if(msg.what == 0x101) {
                    //按照子线程传递的数据,设置要显示的图片资源
                    img.setImageResource(path[msg.arg1]);
                }
            }
        };
    }
}
```

知识巩固

1. 创建 Handler 对象，需要导入（　　）包。
   A. android. widget　　B. android. os　　C. android. View　　D. android. lang

2. 不论是通过 Thread 类创建线程对象还是通过实现 Runnable 接口创建线程对象，都要完成（　　）方法的编码。
   A. run( )　　B. start( )　　C. sleep( )　　D. interrupt( )

3. 线程启动的方法是（　　）。
   A. run( )　　B. start( )　　C. sleep( )　　D. interrupt( )

4. 要想设置一个线程休眠 5 秒，应该编写（　　）代码。
   A. Thread. sleep(5)；　　B. Thread. sleep(50)；
   C. Thread. sleep(500)；　　D. Thread. sleep(5000)；

5. 线程中断的方法是（　　）。
   A. run( )　　B. start( )　　C. interrupt( )　　D. sleep( )

6. 在消息队列中，消息的进出原则（　　）。
   A. 先进先出　　B. 后进先出　　C. 先进后出　　D. 任意进出

7. Looper. loop( )方法的含义是（　　）。
   A. 初始化 Looper 对象
   B. 初始化主线程 Looper 对象
   C. 结束 Looper 循环
   D. 启动消息队列，线程会从消息队列中获取和处理消息

8. Handler handler = new Handlerr( )，这句话的含义是（　　）。
   A. 创建一个 Message 对象　　B. 创建一个线程
   C. 创建一个 Looper 对象　　D. 创建一个 handler 对象

9. handleMessage( )方法是（　　）类方法。
   A. Message　　B. Handler　　C. Looper　　D. Thread

10. Message m = handler. obtainMessage( )；代码的含义是（　　）。
    A. 获取一个空消息，并保存到 m 对象
    B. 获取一个带 what 标识的消息，并保存到 m 对象
    C. 获取一个消息处理对象，并保存到 m 对象
    D. 获取一个 handler，并保存到 m 对象

11. 阅读下面的代码：

```
Message m = handler.obtainMessage();
m.arg1 = index; m.what = 0x101;
handler.sendMessage(m);
```

其中，（　　）负责代码是设置消息要传送的数据，（　　）负责代码是设置消息的标

识,( )负责代码是发送消息。

A. m.what = 0x101;
B. m.arg1 = index;
C. handler.sendMessage(m);
D. Message m = handler.obtainMessage();

学习成果评价

学号		姓名		班级			
评价栏目	任务详情	评价要素	分值	评价主体		
				学生自评	小组互评	教师点评
任务功能实现	采用基于监听的事件处理功能实现示例文字显示效果设置	任务功能是否实现	10			
	使用基于回调的事件处理方式实现一个跟随手指移动的小球	任务功能是否实现	10			
	使用直接绑定到标签的事件处理方式实现控制界面显示的功能	任务功能是否实现	10			
	使用Handler消息传递机制实现一个照片自动随机播放器的功能	任务功能是否实现	10			
	借助事件传播顺序控制实现多级事件处理响应的功能说明程序	任务功能是否实现	10			
代码编写规范	Android事件处理机制包含的知识	基本事件处理机制,Android代码编写是否规范并符合要求	6			
	关键字书写	关键字书写是否正确	2			
	标点符号使用	是否是英文标点符号	2			
	标识符设计	标识符是否按规定格式设置,并实现见名知意	2			
	代码可读性	代码可读性是否友好	4			
	代码优化程度	代码是否已被优化	2			
	代码执行耗时	执行时间可否接受	2			

项目四　Android 事件处理

续表

学号		姓名		班级			
评价栏目	任务详情		评价要素	分值	评价主体		
					学生自评	小组互评	教师点评
操作熟练度	代码编写流程		编写流程是否熟练	4			
	程序运行操作		运行操作是否正确	4			
	调试与完善操作		调试过程是否合规	2			
创新性	代码编写思路		设计思路是否创新	5			
	手机界面显示效果		显示界面是否创新	5			
职业素养	态度		是否认真细致、遵守课堂纪律、学习积极、团队协作	4			
	操作规范		是否编码格式对齐、是否操作规范	2			
	设计理念		是否突显用户中心设计理念	4			
总分				100			

教学过程评价

亲爱的同学，本项目学习结束了，感谢你始终如一地努力学习和积极配合。为了能使我们不断做出改进，提高教学效果，我们很乐意了解你对本项目学习的真实想法。所搜集的数据我们都将保密并采用不记名的方式。有些问题只需要做出选择，有些问题以几个关键字给出简单的回答即可。

项目名称：		教师姓名：			
上课时间：		很满意	满意	一般	不满意
一、项目教学组织评价					
1. 你对课程教学秩序是否满意		□	□	□	□
2. 你对实训室的环境卫生状况是否满意		□	□	□	□
3. 你对课堂整体纪律表现是否满意		□	□	□	□
4. 你对你们小组的总体表现是否满意		□	□	□	□
5. 你对这种教学模式是否满意		□	□	□	□

续表

项目名称：		教师姓名：			
上课时间：		很满意	满意	一般	不满意
二、授课教师评价					
教师组织授课通俗易懂、结构清晰		☐	☐	☐	☐
教师能认真指导学生、因材施教		☐	☐	☐	☐
教师非常关注学生的学习效果		☐	☐	☐	☐
理论和实践的比例安排合理		☐	☐	☐	☐
三、授课内容评价					
课程内容是否适合你的水平		☐	☐	☐	☐
授课中使用的各种学习资料和在线资源是否满意		☐	☐	☐	☐

请回答下列问题：

1. 在教学组织方面，哪些还需要进一步改进？

2. 哪些授课内容你比较满意？哪些方面还需要进一步改进？

3. 哪些授课内容你不感兴趣？为什么？

项目五

高级控件编程

项目介绍：

大家有没有发现，Android 应用或者游戏界面做得都非常美观，而且特别吸引人，让大家很有兴趣使用，例如 QQ 界面、微信界面、网易新闻等。这个就是界面中不同组件调用或者组合出来的效果。Android 程序开发最重要的一个环节就是界面处理，界面的美观度和实用性直接影响用户的第一印象。因此，开发一个整齐、美观的界面是至关重要的，本项目将针对 Android 中的高级控件开发进行详细讲解。

知识图谱：

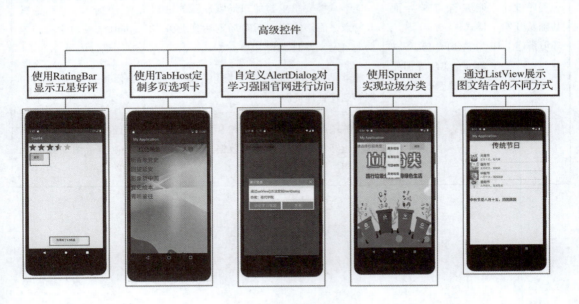

学习要求：

1. 素质目标

培养学生精益求精的职业精神、认真细致的工作态度；培养学生注重职业道德，尊重他人的知识产权，未经同学允许，不随意复制他人的成果。

Android 移动开发项目式教程

2．知识目标

掌握 RatingBar 的功能和用法；掌握 TabHost 的功能和用法；掌握 ArrayAdapter 的功能和用法；掌握 AlertDialog 的功能和用法；掌握 Spinner 的功能和用法；掌握 ListView 的功能和用法。

3．能力目标

掌握常见高级控件的布局形式、样式和主题、程序调试的方法。通过对本项目的学习，让学生对 Android 开发有进一步的认知，让学生灵活学会不同组件自由结合后的综合应用，掌握样式和主题的使用，能使用样式或者主题优化布局完成功能性设置。

1＋X 证书考点：

工作领域	工作任务	专业技能要求	课程内容
程序设计基础及开发环境搭建	掌握常见布局和高级控件的使用，能够自定义界面样式。学会自定义各种 View，实现界面显示和自定义视图	能够掌握安卓高级控件的使用方法，能够使用不同控件组合来达到业务需要的展示效果和功能	任务 1：使用 RatingBar 显示五星好评
		能够掌握分页设计的布局管理器特点和方法，能够创建多页面的视图界面	任务 2：使用 TabHost 定制多页选项卡
		能够掌握安卓主要的布局管理器的区别和特点，能够使用不同布局来达到业务需要的自定义界面效果	任务 3：自定义 AlertDialog 对学习强国官网进行访问
		能够掌握安卓资源的类型和存储方式，能够创建管理资源	任务 4：使用 Spinner 实现垃圾分类
		能够理解数据适配原理和常用数据适配器，能够掌握视图界面和数据适配器的配合使用	任务 5：通过 ListView 展示图文结合的不同方式

任务 1　使用 RatingBar 显示五星好评

任务描述

随着网络和电子商务的快速发展，人们的购物方式发生了很大的转变，购物完成后，店铺需要直观地展示信用评价，购买者都需要对所购买的商品进行评价，那么如何开发一款能够评价的简单 Android 应用程序呢？可以使用 RatingBar 控件显示出星级评分，运行效果图如图 5－1 所示。通过编写代码，不断地完善、调试、运行，直到完成程序开发，这一过程中可以培养学生独立思考能力、语言表达能力和分析问题、解决问题的能力。

项目五　高级控件编程

图 5-1　RatingBar 效果图

任务分析

开发此应用需要添加和编辑的文件见表 5-1。需要编辑 res/layout 中的布局文件 activity_main.xml 和界面程序文件 MainActivity.java。

表 5-1　RatingBar 操作的文件列表

文件类型		文件名	操作
资源文件	布局文件	res/layout/activity_main.xml	编辑
	界面程序文件	src/.../MainActivity.java	编辑

知识要点

1. 定义

①RatingBar 是星级评分条，它与拖动条的用法、功能都十分相似，都允许用户通过拖动来改变进度。

②星级评分条表示对某一事物的支持或对某种服务的满意程度等。

131

③星级评分条允许用户通过拖动星星图案来改变进度。

④为了让程序能够响应星级评分条评分的改变,可以为它绑定一个 OnRatingBarChangeListener 监听器。

在 Android 中,RatingBar 和 SeekBar 一样,它的直接超类是 AbsSeekBar,间接超类是 ProgressBar,所以 AbsSeekBar 和 ProgressBar 支持的 XML 属性及相关方法,RatingBar 都可以直接使用,其继承关系如图 5-2 所示。

```
java.lang.Object
  ↳ android.view.View
      ↳ android.widget.ProgressBar
          ↳ android.widget.AbsSeekBar
              ↳ android.widget.RatingBar
```

图 5-2 RatingBar 控件的继承关系图

2. 使用位置

①在 XML 布局文件中,使用 <RatingBar> 标签定义星级评分条控件。

②在 Java 程序代码中,使用 RatingBar 类创建星级评分条控件。

3. 常用属性与相关方法

RatingBar 提供了常用的 XML 属性与相关方法,见表 5-2。

表 5-2 RatingBar 支持的 XML 属性与相关方法

XML 属性	相关方法	说明
android:isIndicator	setIsIndicator(boolean)	设置该星级评分条是否允许用户改变(true 为不允许)
android:numStars	setNumStars(int)	设置该星级评分条总共有多少颗星
android:rating	setRating(float)	设置该星级评分条默认的星级
android:stepSize	setStepSize(float)	设置每次最少需要改变多少星级,默认 0.5 个

4. 重要方法

getRating():用于获取等级,表示选中了几颗星。

getStepSize():用于获取每次最少要改变多少个星级。

getProgress():用于获取进度,获取到的进度值 = getRating() * getStepSize()。

任务实施

步骤一:布局文件 activity_main.xml 的实现。

activity_main.xml 文件采用的是垂直线性布局,在该线性布局中定义了 1 个 RatingBar 控件和 1 个按钮控件。其中,isIndicator 属性设置为真时不允许调整星星的数目,只有设置为假时才能允许用户去调整。

项目五 高级控件编程

```xml
<?xml version = "1.0" encoding = "utf-8"? >
<LinearLayout
xmlns:android = "http://schemas.android.com/apk/res/android"
    android:layout_width = "match_parent"
    android:layout_height = "match_parent"
    android:orientation = "vertical" >
    <!-- 星级评分条 -->
    <RatingBar
        android:id = "@ +id/ratingBar1"
        android:layout_width = "wrap_content"
        android:layout_height = "wrap_content"
        android:isIndicator = "true"
        android:numStars = "5"
        android:rating = "3.5" />
    <Button
        android:id = "@ +id/button1"
        android:layout_width = "wrap_content"
        android:layout_height = "wrap_content"
        android:text = "提交" />
</LinearLayout>
```

步骤二：界面程序文件 MainActivity.java 的实现。

本程序通过 getProgress() 和 getRating() 方法的调用显示出当前星级评分条所处的具体位置，即有几个星，用户通过改变星星的数目实现分数的变化。单击"提交"按钮，将弹出提示框显示选择了几颗星，同时，在日志面板（LogCat）中输出星级评分条的相关信息。

```java
package com.example.test94;
import androidx.appcompat.app.AppCompatActivity;
import android.os.Bundle;
import android.util.Log;
import android.view.View;
import android.widget.Button;
import android.widget.RatingBar;
import android.widget.Toast;
public class MainActivity extends AppCompatActivity {
    //成员变量
    private RatingBar ratingBar;//星级评分条
    @Override
    protected void onCreate(Bundle savedInstanceState) {
        super.onCreate(savedInstanceState);
        setContentView(R.layout.activity_main);
        //获取星级评分条
        ratingBar = (RatingBar) findViewById(R.id.ratingBar1);
        //获取按钮,并添加点击事件监听器
        Button button = (Button) findViewById(R.id.button1);
        button.setOnClickListener(new View.OnClickListener() {
            @Override
```

```java
    public void onClick(View arg0) {
        //获取进度
        int result = ratingBar.getProgress();
        //获取等级
        float rating = ratingBar.getRating();
        //获取每次最少改变多少颗星
        float step = ratingBar.getStepSize();
        Log.i("星级评分条","step = " + step + " result = " + result
                + " rating = " + rating);
        Toast.makeText(MainActivity.this,"你得到了" + rating + "颗星",
                Toast.LENGTH_SHORT).show();
    }
});
}
}
```

知识巩固

【单选题】已知，ratingBar 是星级评分条对象，（　　）语句能够获取星级评分条的进度。

A. ratingBar.getRating( );

B. ratingBar.getStepSize( );

C. ratingBar.getProgress( );

D. ratingBar.getNumStars( );

正确答案：C

【单选题】已知项目中有一个 ratingBar，在程序中使用（　　）语句能获取得到星星的个数。

A. ratingBar.getRating( );

B. ratingBar.getStepSize( );

C. ratingBar.getProgress( );

D. ratingBar.getNumStars ( );

正确答案：D

【判断题】星级评分条的星级总个数只能设置为 5。

正确答案：×

【判断题】星级评分条的步长默认为 1。

正确答案：×

【判断题】星级评分条不允许用户通过拖动星星图案来改变进度。

正确答案：×

【编程题】实现在屏幕上显示一张图片和一个星级评分条，拖动星级能够改变图片的透明度，效果图如图 5-3 所示。

图 5-3 RatingBar 效果图

工作任务单

《Android 移动开发项目式教程》工作任务单

工作任务				
小组名称		工作成员		
工作时间		完成总时间		
工作任务描述				
小组分工	姓名		工作任务	

续表

任务执行结果记录			
序号	工作内容	完成情况	操作员
任务实施过程记录			
验收评定		验收人签字	

任务 2　使用 TabHost 定制多页选项卡

任务描述

每人每天都可能使用大量的 APP，可以发现，功能类似的模块会放置在一起，比如通话记录界面的切换效果，这里就需要使用 TabHost 来实现 Tab 切换，使已接来电和未接来电能分开进行展示。下面模拟学习强国 APP 中选项切换界面来学习如果使用 TabHost 定制多页选项卡，模拟效果图如图 5–4 所示。

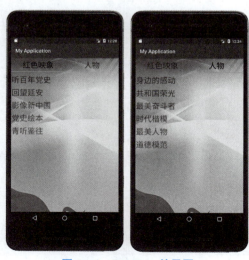

图 5–4　TabHost 效果图

任务分析

开发此应用需要添加和编辑的文件见表5-3。其中，在 res/drawable 中添加 1 个 img3.jpg 背景图片；编辑 res/layout 中的 activity_main.xml 文件，编写选项卡布局，在该布局需要注意 ID 的设定，所有的 ID 属性不得随意更改，必须使用原配。在 tab1.xml 和 tab2.xml 中分别使用线性布局和 TextView 文本框构成展示项目列表；编辑 MainActivity.java 文件实现对应的功能。

表5-3 TabHost 操作的文件列表

文件类型		文件名	操作
资源文件	布局文件	res/layout/activity_main.xml	编辑
	标签页1布局文件	res/layout/tab1.xml	创建
	标签页2布局文件	res/layout/tab2.xml	创建
	图片资源	res/drawable/img3.jpg	添加
界面程序文件		src/…/MainActivity.java	编辑

知识要点

1. 定义

①TabHost 是选项卡，它的主要功能是进行分类管理，是一种非常实用的控件，可以在一个窗口中显示多组标签页，每个标签页 Tab 相当于获得了一个与外部容器相同大小的控件摆放区域。通过这种方式，就可以在一个容器里放置更多控件。如手机中的通话记录、未接来电、已接电话等。

②选项卡主要由 TabHost、TabWidget 和 FrameLayout 3 个控件组成，用于实现一个多标签的用户界面，通过它可以将一个复杂的对话框分割成若干个标签页，实现对信息的分类显示和管理。

③如果程序需要监控 TabHost 里当前标签页的改变，可为它注册监听器 TabHost.OnTabChangeListener。

在 Android 中，TabHost 的直接超类是 FrameLayout，间接超类是 ViewGroup，所以 TabHost 可以作为容器控件使用。FrameLayout 支持的 XML 属性和相关方法，TabHost 都可以直接使用，其继承关系如图5-5所示。

```
java.lang.Object
  ↳ android.view.View
      ↳ android.view.ViewGroup
          ↳ android.widget.FrameLayout
              ↳ android.widget.TabHost
```

图5-5 TabHost 控件的继承关系图

2. 使用位置

①在 XML 布局文件中,使用 <TabHost> 标签定义选项卡控件。

②在 Java 程序代码中,使用 TabHost 类创建选项卡控件。

3. 常用方法

newTabSpace(String tag):创建选项卡。

addTab(TabHost.TabSpec tabSpace):添加标签页。

getCurrentView():获取当前的 View 控件。

setup():建立 TabHost 对象。

setCurrentTab(int index):设置当前显示的 Tab 编号。

setCurrentTabByTag(String tag):设置当前显示的 Tab 名称。

getTabContentView():返回标签容器 FrameLayout 的对象。

setOnTabChangeListener(TabHost.OnTabChangeListener):设置标签改变时触发。

4. 实现选项卡的一般步骤

第 1 步:在布局文件中添加实现选项卡所需的 TabHost、TabWidget 和 FrameLayout 控件;

第 2 步:编写各标签页中要显示内容所对应的 XML 布局文件;

第 3 步:在 Activity 中,获取并初始化 TabHost 控件;

第 4 步:为 TabHost 对象添加标签页。

5. 实现选项卡显示页面的两种方式

方法 1:直接继承 TabActivity 类。

第 1 步:Activity 应该继续 TabActivity;

第 2 步:在界面布局中定义 TabHost 控件,并为该控件定义该选项卡的内容;

第 3 步:调用 TabActivity 的 getTabHost() 方法获取 TabHost 对象;

第 4 步:通过 TabHost 对象的方法来创建选项卡、添加选项卡。

方法 2:利用 findViewById() 方法取得 TabHost 控件,并进行若干设置。

6. LayoutInflater 类常用的方法

● public View inflate(int resource, ViewGroup root, Boolean attachToRoot):设置所需的布局管理器的资源 ID、控件的容器以及是否包含设置控件的参数。

● public static LayoutInflater from(Context context):从指定的容器中获得 LayoutInflater。

7. TabHost.TabSpec 类的常用方法

● TabHost.TabSpec 类是 TabHost 内部类,在实例化时,需要依靠 TabHost 类中的 newTabSpace(String tag) 方法完成。

● public TabHost.TabSpec setIndicator(CharSpeqence label):设置一个 Tab 标签页。

public TabHost.TabSpec setContentr(int viewId):设置要显示的控件 ID。

任务实施

1. 布局文件 activity_main.xml 的设计（图 5-6）

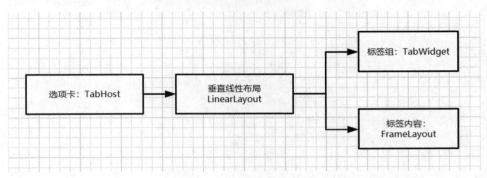

图 5-6 activity_main 设计图

2. 布局文件 activity_main.xml 的实现

```
<?xml version = "1.0" encoding = "utf -8"? >
<TabHost
xmlns:android = "http://schemas.android.com/apk/res/android"
    android:id = "@ + id/tabHost"
    android:layout_width = "match_parent"
    android:layout_height = "match_parent" >
    <LinearLayout
        android:layout_width = "match_parent"
        android:layout_height = "match_parent"
        android:orientation = "vertical"
        android:background = "@drawable/img3" >
        <TabWidget
            android:id = "@android:id/tabs"
            android:layout_width = "match_parent"
            android:layout_height = "wrap_content" />
        <FrameLayout
            android:id = "@android:id/tabcontent"
            android:layout_width = "match_parent"
            android:layout_height = "match_parent" />
    </LinearLayout>
</TabHost>
```

3. 标签页 tab1.xml 的实现

```
<?xml version = "1.0" encoding = "utf -8"? >
<LinearLayout
xmlns:android = "http://schemas.android.com/apk/res/android"
    android:id = "@ + id/linearLayout02"
    android:layout_width = "match_parent"
    android:layout_height = "match_parent"
    android:orientation = "vertical" >
```

```xml
<TextView
    android:layout_width = "match_parent"
    android:layout_height = "wrap_content"
    android:paddingLeft = "5px"
    android:text = "听百年党史"
    android:layout_marginTop = "10dp"/>
<TextView
    android:layout_width = "match_parent"
    android:layout_height = "wrap_content"
    android:paddingLeft = "5px"
    android:text = "回望延安"
    android:layout_marginTop = "10dp"/>
<TextView
    android:layout_width = "match_parent"
    android:layout_height = "wrap_content"
    android:paddingLeft = "5px"
    android:text = "影像新中国"
    android:layout_marginTop = "10dp"/>
<TextView
    android:layout_width = "match_parent"
    android:layout_height = "wrap_content"
    android:paddingLeft = "5px"
    android:text = "党史绘本"
    android:layout_marginTop = "10dp"/>
<TextView
    android:layout_width = "match_parent"
    android:layout_height = "wrap_content"
    android:paddingLeft = "5px"
    android:text = "青听鉴往"
    android:layout_marginTop = "10dp"/>
</LinearLayout>
```

4. 标签页 tab2.xml 的实现

```xml
<?xml version = "1.0" encoding = "utf-8"?>
<LinearLayout
    xmlns:android = "http://schemas.android.com/apk/res/android"
    android:id = "@+id/linearLayout03"
    android:layout_width = "wrap_content"
    android:layout_height = "wrap_content"
    android:orientation = "vertical">
    <TextView
        android:layout_width = "match_parent"
        android:layout_height = "wrap_content"
        android:paddingLeft = "5px"
        android:text = "身边的感动"
        android:layout_marginTop = "10dp"/>
    <TextView
        android:layout_width = "match_parent"
```

```xml
            android:layout_height = "wrap_content"
            android:paddingLeft = "5px"
            android:text = "共和国荣光"
            android:layout_marginTop = "10dp" />
    <TextView
            android:layout_width = "match_parent"
            android:layout_height = "wrap_content"
            android:paddingLeft = "5px"
            android:text = "最美奋斗者"
            android:layout_marginTop = "10dp" />
    <TextView
            android:layout_width = "match_parent"
            android:layout_height = "wrap_content"
            android:paddingLeft = "5px"
            android:text = "时代楷模"
            android:layout_marginTop = "10dp" />
    <TextView
            android:layout_width = "match_parent"
            android:layout_height = "wrap_content"
            android:paddingLeft = "5px"
            android:text = "最美人物"
            android:layout_marginTop = "10dp" />
    <TextView
            android:layout_width = "match_parent"
            android:layout_height = "wrap_content"
            android:paddingLeft = "5px"
            android:text = "道德模范"
            android:layout_marginTop = "10dp" />
</LinearLayout>
```

5. 界面程序文件 MainActivity.java 的实现

```java
package com.example.myapplication;
import androidx.appcompat.app.AppCompatActivity;
import android.os.Bundle;
import android.view.LayoutInflater;
import android.widget.TabHost;
public class MainActivity extends AppCompatActivity {
    protected void onCreate(Bundle savedInstanceState) {
        super.onCreate(savedInstanceState);
        setContentView(R.layout.activity_main);
        //获取TabHost控件,并初始化
    TabHost tabHost = findViewById(R.id.tabHost);
        //初始化TabHost控件
    tabHost.setup();
        //为TabHost对象添加标签页:一个用于模拟学习强国中的党史模块,另一个用于模拟人物模块
    //声明并实例化一个LayoutInflater对象
    LayoutInflater inflater = LayoutInflater.from(this);
```

```
        inflater.inflate(R.layout.tab1,
tabHost.getTabContentView());
        inflater.inflate(R.layout.tab2,
tabHost.getTabContentView());
        //添加第1个标签页
tabHost.addTab(tabHost.newTabSpec("tab01").setIndicator("红色映象").setContent
(R.id.linearLayout02));
        //添加第2个标签页
tabHost.addTab(tabHost.newTabSpec("tab02").setIndicator("人物").setContent
(R.id.linearLayout03));
    }
}
```

知识巩固

【单选题】TabHost 组件对象需要使用（　　）方法进行初始化。

A．newTabSpec(　)　　B．TabHost(　)　　C．findViewById(　)　　D．setup(　)

正确答案：D

【多选题】TabHost 由（　　）构成。

A．TabHost　　　　　B．选项卡的整体布局　　　C．TabWidget

D．LayoutInflater　　E．FrameLayout

正确答案：ABCE

【判断题】标签页的内容不可以在 TabHost 的 FrameLayout 组件中定义。

正确答案：×

工作任务单

《Android 移动开发项目式教程》工作任务单

工作任务			
小组名称		工作成员	
工作时间		完成总时间	
工作任务描述			

续表

小组分工	姓名	工作任务

任务执行结果记录			
序号	工作内容	完成情况	操作员

任务实施过程记录

验收评定		验收人签字	

任务3　自定义 AlertDialog 对学习强国官网进行访问

任务描述

　　对话框在手机应用程序中必不可少，当我们购买商品进行订单提交时，银行转账确认交易时，都会有对话框询问是否确定，当单击其中一个按钮时，就会触发该按钮对应的一系列操作。下面使用 AlertDialog 完成标准对话框的定义和实现自定义特效对话框对学习强国官网的访问。

　　在屏幕上定义一个 Button 控件，通过按钮打开一个自定义的 AlertDialog 对话框，单击"跳转"按钮时访问相关网站，如图 5-7 所示。

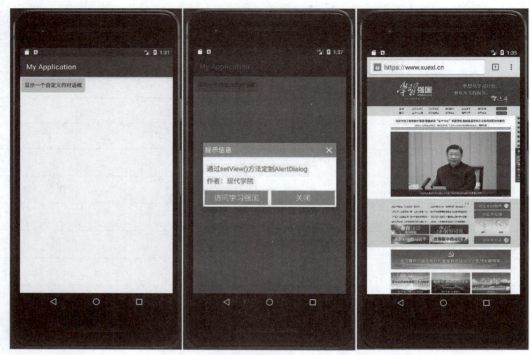

图 5-7 自定义 AlertDialog 访问网站

任务分析

开发此应用需要添加和编辑的文件见表 5-4。

表 5-4 AlertDialog 操作的文件列表

文件类型		文件名	操作
资源文件	图片资源	res/drawable/bg_btn_normal.png、bg_btn_pressed.png、iv_icon_exit_normal.jpg、iv_icon_exit_pressed.jpg	添加
	图片资源	res/drawable/view_dialog_custom.xml	创建
	布局文件	res/layout/activity_main.xml	编辑
	自定义布局文件	res/layout/activity_main.xml	创建
界面程序文件		src/…/MainActivity.java	编辑

知识要点

1. AlertDialog 的定义

显示提示信息的控件 AlertDialog（对话框），同时它也是其他 Dialog 的父类。比如 ProgressDialog、TimePickerDialog 等，而 AlertDialog 的父类是 Dialog。另外，不像 Toast 或者 Noti-

fication，AlertDialog 并不能直接实例化（new）出来，如果打开 AlertDialog 的源码，会发现构造方法是 protected 类型的，如果要创建 AlertDialog，需要使用到该类中的一个静态内部类：public static class Builder，然后来调用 AlertDialog 里的相关方法，来对 AlertDialog 进行定制，最后调用 show( )方法来显示 AlertDialog 对话框。

2. AlertDialog 的使用位置

在 Java 程序代码中，使用 AlertDialog 类创建对话框控件。

任务实施

步骤一：布局文件 activity_main.xml 的设计。

```xml
<?xml version = "1.0" encoding = "utf-8"?>
<LinearLayout
    xmlns:android = "http://schemas.android.com/apk/res/android"
    android:orientation = "vertical"
    android:layout_width = "fill_parent"
    android:layout_height = "fill_parent" >
    <Button
        android:id = "@+id/btn_show"
        android:layout_width = "wrap_content"
        android:layout_height = "wrap_content"
        android:text = "显示一个自定义的对话框" />
</LinearLayout>
```

步骤二：自定义布局文件 view_dialog_custom.xml 的实现。

```xml
<?xml version = "1.0" encoding = "utf-8"?>
<RelativeLayout
    xmlns:android = "http://schemas.android.com/apk/res/android"
    android:id = "@+id/RelativeLayout1"
    android:layout_width = "match_parent"
    android:layout_height = "match_parent"
    android:orientation = "vertical" >
    <RelativeLayout
        android:id = "@+id/titlelayout"
        android:layout_width = "match_parent"
        android:layout_height = "wrap_content"
        android:layout_alignParentLeft = "true"
        android:layout_alignParentTop = "true"
        android:background = "#53CC66"
        android:padding = "5dp" >
        <TextView
            android:layout_width = "match_parent"
            android:layout_height = "wrap_content"
            android:layout_centerVertical = "true"
            android:text = "提示信息"
            android:textColor = "#ffffff"
            android:textSize = "18sp"
```

```xml
            android:textStyle = "bold" />
        <Button
            android:id = "@+id/btn_cancle"
            android:layout_width = "30dp"
            android:layout_height = "30dp"
            android:layout_alignParentRight = "true"
            android:background = "@drawable/btn_selctor_exit" />

    </RelativeLayout>
    <LinearLayout
        android:id = "@+id/ly_detail"
        android:layout_width = "wrap_content"
        android:layout_height = "wrap_content"
        android:layout_alignParentLeft = "true"
        android:layout_below = "@+id/titlelayout"
        android:layout_centerInParent = "true"
        android:orientation = "vertical" >
        <TextView
            android:layout_width = "wrap_content"
            android:layout_height = "wrap_content"
            android:layout_marginLeft = "10dp"
            android:layout_marginTop = "20dp"
            android:text = "通过setView()方法定制AlertDialog"
            android:textColor = "#04AEDA"
            android:textSize = "18sp" />
        <TextView
            android:layout_width = "wrap_content"
            android:layout_height = "wrap_content"
            android:layout_marginLeft = "10dp"
            android:layout_marginTop = "10dp"
            android:text = "作者:现代学院"
            android:textColor = "#04AEDA"
            android:textSize = "18sp" />
    </LinearLayout>
    <LinearLayout
        android:layout_width = "match_parent"
        android:layout_height = "wrap_content"
        android:layout_below = "@+id/ly_detail"
        android:layout_marginTop = "10dp"
        android:orientation = "horizontal" >
        <Button
            android:id = "@+id/btn_blog"
            android:layout_width = "match_parent"
            android:layout_height = "40dp"
            android:layout_margin = "5dp"
            android:layout_weight = "1"
            android:background = "@drawable/btn_selctor_choose"
            android:text = "访问学习强国"
            android:textColor = "#ffffff"
            android:textSize = "20sp" />
        <Button
            android:id = "@+id/btn_close"
            android:layout_width = "match_parent"
            android:layout_height = "40dp"
```

```
                android:layout_margin = "5dp"
                android:layout_weight = "1"
android:background = "@drawable/btn_selctor_choose"
                android:text = "关闭"
                android:textColor = "#ffffff"
                android:textSize = "20sp" />
    </LinearLayout>
</RelativeLayout>
```

步骤三：按钮变化效果文件 btn_selctor_choose.xml 的实现。

```
<?xml version = "1.0" encoding = "utf-8"?>
<selector
xmlns:android = "http://schemas.android.com/apk/res/android">
    <item android:state_pressed = "true"
android:drawable = "@drawable/bg_btn_pressed" />
    <item android:drawable = "@drawable/bg_btn_normal" />
</selector>
```

步骤四：按钮变化效果文件 btn_selctor_exit.xml 的实现。

```
<?xml version = "1.0" encoding = "utf-8"?>
<selector
xmlns:android = "http://schemas.android.com/apk/res/android">
    <item android:state_pressed = "true"
android:drawable = "@drawable/iv_icon_exit_pressed" />
    <item
android:drawable = "@drawable/iv_icon_exit_normal" />
</selector>
```

步骤五：界面程序文件 MainActivity.java 的实现。

MainActivity 程序文件的设计思路：

第 1 步：创建 AlertDialog.Builder 对象；

第 2 步：调用 setIcon( ) 设置图标，调用 setTitle( ) 或 setCustomTitle( ) 设置标题；

第 3 步：设置对话框的内容，调用 setMessage( ) 来指定显示的内容；

第 4 步：调用 setPositive/Negative/NeutralButton( ) 设置：确定，取消，中立按钮；

第 5 步：调用 create( ) 方法创建这个对象，再调用 show( ) 方法将对话框显示出来。

```
package com.example.myapplication;
import androidx.appcompat.app.AppCompatActivity;
import android.app.AlertDialog;
import android.content.Context;
import android.content.Intent;
import android.net.Uri;
import android.os.Bundle;
import android.view.LayoutInflater;
import android.view.View;
import android.widget.Button;
```

```java
import android.widget.Toast;
public class MainActivity extends AppCompatActivity {
    private Button btn_show;
    private View view_custom;
    private Context mContext;
    private AlertDialog alert = null;
    private AlertDialog.Builder builder = null;
    protected void onCreate(Bundle savedInstanceState) {
        super.onCreate(savedInstanceState);
        setContentView(R.layout.activity_main);
        mContext = MainActivity.this;
        btn_show = (Button) findViewById(R.id.btn_show);
        //初始化Builder
        builder = new AlertDialog.Builder(mContext);
        //加载自定义的那个View
        final LayoutInflater inflater = MainActivity.this.getLayoutInflater();
        view_custom = inflater.inflate(R.layout.view_dialog_custom, null, false);
        builder.setView(view_custom);
        builder.setCancelable(false);
        alert = builder.create();
        view_custom.findViewById(R.id.btn_cancle).setOnClickListener(new View.OnClickListener() {
            public void onClick(View v) {
                alert.dismiss();
            }
        });
        view_custom.findViewById(R.id.btn_blog).setOnClickListener(new View.OnClickListener() {
            public void onClick(View v) {
                Toast.makeText(getApplicationContext(), "访问学习强国", Toast.LENGTH_SHORT).show();
                Uri uri = Uri.parse("http://www.xuexi.cn");
                Intent intent = new Intent(Intent.ACTION_VIEW, uri);
                startActivity(intent);
                alert.dismiss();
            }
        });
        view_custom.findViewById(R.id.btn_close).setOnClickListener(new View.OnClickListener() {
            public void onClick(View v) {
                Toast.makeText(getApplicationContext(), "对话框已关闭~", Toast.LENGTH_SHORT).show();
                alert.dismiss();
            }
        });
        btn_show.setOnClickListener(new View.OnClickListener() {
            public void onClick(View v) {
                alert.show();
            }
        });
    }
}
```

项目五 高级控件编程

知识巩固

【编程题】标准对话框可以设计出多种显示状态，有确认对话框、单选或者多选列表等，根据所学的知识编写程序实现，运行效果如图 5-8 所示。

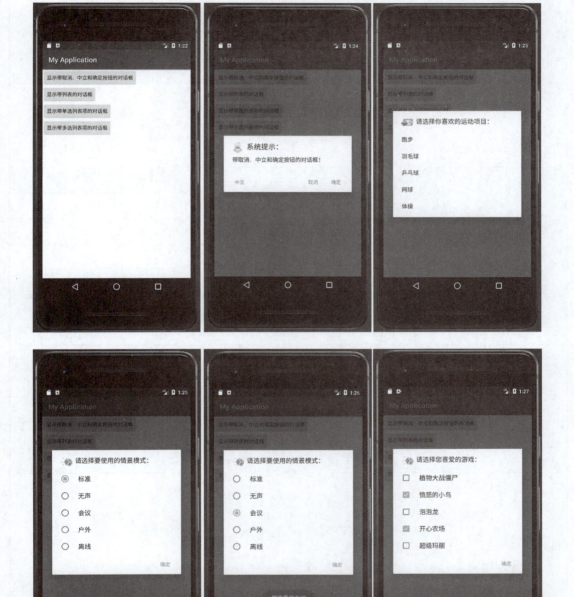

图 5-8 标准 AlertDialog 效果图

工作任务单

《Android 移动开发项目式教程》工作任务单

工作任务			
小组名称		工作成员	
工作时间		完成总时间	
工作任务描述			

小组分工	姓名	工作任务

任务执行结果记录			
序号	工作内容	完成情况	操作员

任务实施过程记录

验收评定		验收人签字	

任务 4　使用 Spinner 实现垃圾分类

任务描述

垃圾分类，指按一定规定或标准将垃圾分类储存、分类投放和分类搬运，从而转变成公共资源的一系列活动的总称。分类的目的是提高垃圾的资源价值和经济价值，力争物尽其用。垃圾的产生源于人们没有利用好资源，将自己不用的资源当成垃圾抛弃，这种废弃资源的方式对于整个生态系统的损失都是不可以估量的。在垃圾处理之前，通过垃圾分类回收，就可以将垃圾变废为宝，如回收纸张能够保护森林，减少森林资源的浪费；回收果皮蔬菜等生物垃圾，就可以作为绿色肥料，让土地能够更加肥沃。生态文明，离不开人人参与，党的二十大报告强调"实施全面节约战略，发展绿色低碳产业，倡导绿色消费，推动形成绿色低碳的生产方式和生活方式"。

垃圾分类，从我做起，让"生态文明"更进一步。下面通过 Spinner 控件实现垃圾分类的选择。在制作选项的过程中，对垃圾分类的意义进一步加深了解。下面将使用 Spinner 控件完成对垃圾分类的下拉列表设计，如图 5-9 所示。

图 5-9　Spinner 垃圾分类效果图

任务分析

开发此应用需要添加和编辑的文件见表 5-5。

表 5–5　Spinner 操作的文件列表

文件类型		文件名	操作
资源文件	数组文件	res/values/arrays.xml	创建
	图片资源	res/drawable/la.jpg	添加
	布局文件	res/layout/activity_main.xml	编辑
界面程序文件		src/…/MainActivity.java	编辑

Spinner 设置下拉框的操作步骤见表 5–6。

表 5–6　Spinner 方法一操作步骤

控件名称	操作步骤
Spinner 控件 定义数据源	获取控件（注意：Spinner 的数据源已在布局文件中添加）
Button 控件	第 1 步：获取控件
	第 2 步：为按钮控件设置点击事件监听器
	第 3 步：创建监听器，并实现点击事件响应方法

知识要点

1. 定义

Spinner 是下拉列表框，单击 Spinner 时会弹出一个下拉列表供用户进行选择，显示时只能显示列表中的某一项，其继承关系如图 5–10 所示。

图 5–10　Spinner 控件的继承关系图

根据图 5–10 的继承关系可知，Spinner 是 ViewGroup 的间接子类，因此它也可以作为容器控件使用。

2. 使用位置

① 在 XML 布局文件中，使用 <Spinner> 标签定义下拉列表框控件。

② 在 Java 程序代码中，使用 Spinner 类创建下拉列表框控件。

3. 常用属性与相关方法

Spinner 提供了大量常用的 XML 属性与相关方法，见表 5–7。

表5-7　Spinner 支持的 XML 属性与相关方法

XML 属性	相关方法	说明
android:dropDownHorizontalOffset	setDropDownHorizontalOffset(int)	设置下拉菜单与文本之间的水平偏移，下拉菜单默认与文本框左对齐
android:dropDownSelector	—	设置下拉选择器
android:dropDownVerticalOffset	setDropDownVerticalOffset(int)	设置下拉菜单与文本之间的垂直偏移，下拉菜单默认紧跟文本框
android:dropDownWidth	setDropDownWidth(int)	设置下拉列表宽度
android:dropDownHeight	setDropDownHeight(int)	设置下拉列表高度
android:gravity	setGravity(int)	设置对齐方式
android:popupBackground	setPopupBackgroundResource(int)	设置下拉列表背景
android:prompt	setPrompt()	设置下拉列表的提示文字
android:spinnerMode	—	设置列表框模式
android:entries	—	为下拉列表框设置数据源

4．重要方法

setAdapter()：设置下拉列表框与数据源的关联。

getPrompt()：得到提示文字。

getSelectedItem()：获取下拉列表项的值。

setOnItemClickListener()：为下拉列表框中的每一个选项设置鼠标点击事件监听器。

setOnItemSelectedListener()：为下拉列表框的每一个选项设置被选中的事件监听器。

5．定义数据的方式

数据源是下拉列表中需要提供的数据。Spinner 定义的数据源有三种方式：

方式一：直接通过资源文件来配置数据源，涉及的资源文件有 arrays.xml 和布局文件。

第1步：定义数组资源。在 values 目录下创建一个数组资源文件 arrays.xml，在 arrays.xml 中，通过 <string-array> 标记定义字符串数组资源，并添加数组元素的值。

第2步：指定数据源。为布局文件中的 Spinner 控件添加 android:entries 属性，设置数据源为定义的字符串数组。

方式二：在 Java 程序中，通过 ArrayAdapter 读取资源文件来配置数据源。

第1步：定义数组资源。在数组资源文件 arrays.xml 中，通过 <string-array> 标记定义字符串数组资源,并添加数组元素的值。

第 2 步:定义数据源。在 Java 程序代码中,通过 ArrayAdapter 类的 createFromResourcer( )方法来创建一个 ArrayAdapter(数组适配器,即数据源)对象,由它负责列表条目的显示。(备注:createFromResourcer( )中有 3 个参数,分别是上下文、定义的数组资源、布局 Spinner 的风格。)

第 3 步:设置与数据源的关联。在 Java 程序代码中,将 Spinner 与数据源进行关联。

方式三:在 Java 程序中,通过 ArrayAdapter 指定具体设置的数据来配置数据源。

第 1 步:定义数组,保存数据源中的数据内容。在 Java 程序中,定义数据源中要使用的数组,并添加数组元素的值。

第 2 步:定义数据源。在 Java 程序代码中,通过 ArrayAdapter 类的构造方法创建一个 ArrayAdapter 对象,由它负责列表条目的显示。

第 3 步:设置与数据源的关联。在 Java 程序代码中,将 Spinner 与数据源进行关联。

6. ArrayAdapter 的功能

ArrayAdapter 有两个主要功能:一是读取资源文件中定义的列表项,二是通过数组或 List 集合设置列表项。ArrayAdapter 类常用方法见表 5-8。

表 5-8 ArrayAdapter 支持的重要方法说明

重要方法	说明
public ArrayAdapter(Contextcontext, intresource, List<T> objects)	是构造方法。按照指定列表项显示风格和 List 集合数据,在当前界面中创建一个 ArrayAdapter 对象
public ArrayAdapter(Contextcontext, intresource, T[ ] objects)	是构造方法。按照指定列表项显示风格和数组数据,在当前界面中创建一个 ArrayAdapter 对象
public static ArrayAdapter<CharSequence> createFromResource(Context context, int textArrayResId, int textViewResId)	通过数组资源和列表项显示风格在当前的界面中创建一个 ArrayAdapter 对象
public void setDropDownViewResource(int resource)	设置下拉列表项的显示风格

备注:对于下拉列表项的显示风格,一般都会将其设置为 android:R. layout. support_simple_spinner_dropdown_item。

任务实施

步骤一:数组资源文件 arrays.xml 的实现。

```
<?xml version = "1.0" encoding = "utf-8"? >
<resources >
    <string-array name = "ctype" >
        <item >厨余垃圾</item>
```

```xml
        <item>有害垃圾</item>
        <item>可回收物</item>
        <item>其他垃圾</item>
    </string-array>
</resources>
```

步骤二：布局文件 activity_main.xml 的实现。

```xml
<?xml version="1.0" encoding="utf-8"?>
<LinearLayout xmlns:android="http://schemas.android.com/apk/res/android"
    android:orientation="horizontal"
    android:layout_width="fill_parent"
    android:layout_height="fill_parent"
    android:background="@drawable/la" >

    <TextView android:id="@+id/textView1"
        android:text="请选择垃圾类型:"
        android:layout_height="wrap_content"
        android:layout_width="wrap_content"
        android:textSize="20dp" />

    <Spinner
        android:id="@+id/spinner1"
        android:layout_width="wrap_content"
        android:layout_height="wrap_content"
        android:entries="@array/ctype" />

    <Button android:text="提交"
        android:id="@+id/button1"
        android:layout_width="wrap_content"
        android:layout_height="wrap_content" />
</LinearLayout>
```

步骤三：界面程序文件 MainActivity.java 的实现。

```java
package com.example.myapplication;

import androidx.appcompat.app.AppCompatActivity;
import android.os.Bundle;
import android.util.Log;
import android.view.View;
import android.widget.AdapterView;
import android.widget.Button;
import android.widget.Spinner;
import android.widget.Toast;

public class MainActivity extends AppCompatActivity {
    protected void onCreate(Bundle savedInstanceState) {
```

```java
        super.onCreate(savedInstanceState);
        setContentView(R.layout.activity_main);
        final Spinner spinner = (Spinner) findViewById(R.id.spinner1);
        spinner.setOnItemSelectedListener(new
AdapterView.OnItemSelectedListener() {
            public void onItemSelected(AdapterView<?> parent, View arg1, int pos, long id) {
                String result = parent.getItemAtPosition(pos).toString();
//获取选择项的值
                Log.i("Spinner 示例", result);
            }
            public void onNothingSelected(AdapterView<?> arg0) {
            }
        });
        Button button = (Button) findViewById(R.id.button1); //获取提交按钮
        //为提交按钮添加点击事件监听
        button.setOnClickListener(new View.OnClickListener() {
            public void onClick(View v) {
                //获取选择的证件类型并通过提示框显示
                Toast.makeText(MainActivity.this,
                    "您选择的垃圾类型是:" +
spinner.getSelectedItem().toString(),Toast.LENGTH_SHORT).show(); /* 显示被选中的复选按钮 */
            }
        });
    }
}
```

知识巩固

【单选题】为下拉列表框设置数据源，需要设置（　　）属性。

A．id　　　　　　B．layout_width　　　　C．entries　　　　D．layout_height

正确答案：C

【单选题】在数组资源文件 arrays.xml 中，通过（　　）标记定义字符串数组资源。

A．< string – array >　　B．< string >　　C．< itme >　　D．< array >

正确答案：A

【单选题】在 Java 程序代码中，通过（　　）类来创建一个 Spinner 的数据源。

A．Button　　　　　　　　　　　　B．AdapterView

C．ArrayAdapter　　　　　　　　　D．Toast

正确答案：C

【编程题1】开发 1 个应用程序，使用 Spinner 定义数据源的第二种方式来实现：在屏幕添加下拉列表框，选择下拉列表框中的某一项，单击"提交"按钮时，在提示信息框中显示被选项内容，效果如图 5-9 所示。

【编程题2】开发 1 个应用程序，使用 Spinner 定义数据源的第三种方式来实现：在屏幕添加下拉列表框,选择下拉列表框中的某一项,单击"提交"按钮时,在提示信息框中显示被选项内容,效果图如图 5-9 所示。

工作任务单

《Android 移动开发项目式教程》工作任务单

工作任务			
小组名称		工作成员	
工作时间		完成总时间	
工作任务描述			
小组分工	姓名	工作任务	
任务执行结果记录			
序号	工作内容	完成情况	操作员
任务实施过程记录			
验收评定		验收人签字	

任务 5　通过 ListView 展示图文结合的不同方式

任务描述

中国传统节日，是中华民族悠久历史文化的重要组成部分，形式多样、内容丰富。传统节日的形成，是一个民族或国家的历史文化长期积淀凝聚的过程。中华民族的古老传统节日，涵盖了原始信仰、祭祀文化、天文历法、易理术数等人文与自然文化内容，蕴含着深邃丰厚的文化内涵。从远古先民时期发展而来的中华传统节日，不仅清晰地记录着中华民族先民丰富而多彩的社会生活文化内容，也积淀着博大精深的历史文化内涵。

现阶段传递信息都使用图文相结合的方式进行展示，以微信为例，左边为图形，右边为文字的列表，现在就采用 ListView 控件来模拟这种形式，制作一个以传统文化为主题的列表，让同学们对历史文化和传统节日的内涵更加重视，如图 5-11 所示。

图 5-11　ListView 传统节日列表效果图

任务分析

开发此应用需要添加和编辑的文件见表 5-9。

表 5-9 ListView 操作的文件列表

文件类型		文件名	操作
资源文件	图片资源	res/drawable/yuan.jpg、duan.jpg、zhong.jpg、chong.jpg	添加
	布局文件	res/layout/activity_main.xml	编辑
	布局文件	res/layout/simple_item.xml	创建
界面程序文件		src/…/MainActivity.java	编辑

知识要点

1. 定义

ListView 列表视图，是 Android 中使用非常广泛的控件之一，它以垂直列表的形式列出需要显示的列表项。

在 Android 中，ListView 是 ViewGroup 和 AdapterView 的间接子类，其继承关系如图 5-12 所示。

图 5-12 ListView 控件的继承关系图

2. 使用方法

方法 1：在 XML 布局文件中，使用 <ListView> 标签定义列表视图控件，然后通过 ArrayAdapter 为 ListView 设置需要显示的列表内容。

方法 2：在 Java 程序代码中，使用 ListView 类创建列表视图控件，让 Activity 直接继承 ListActivity 实现，然后通过 ListActivity 的 setListAdapter( ) 方法设置需要显示的列表内容。

- 如果程序的窗口中仅仅需要一个列表，则可以直接让 Activity 继承 ListActivity 来实现。
- 继承了 ListActivity 的类，无须调用 setContentView( ) 方法来显示页面，而直接为其设置适配器来显示一个列表。
- 获取列表选择项的值时，需要重写父类 ListActivity 的 onListItemClick( ) 方法。
- 注意：创建 ArrayAdapter 对象时，需要为 ListView 指定列表项的外观形式。

3. 常用属性（表 5-10）

表 5-10 ListView 常用 XML 属性表

XML 属性	说明
android:divider	设置分割条，既可以用颜色分割，又可以用 Drawable 资源分割
android:dividerHeight	设置分割条的高

续表

XML 属性	说明
android:entries	通过数组资源为 ListView 指定列表项
android:footerDividersEnabled	设置是否在 footer view 之前设置分割条，默认为 true，如果设置为 false，表示不绘制。使用该属性时，需要先通过 addFooterView() 方法为 ListView 设置 footer view
android:headerDividersEnabled	用于设置是否在 header view 之后设置分割条，默认为 true，如果设置为 false，表示不绘制。使用该属性时，需要先通过 addHeaderView() 方法为 ListView 设置 header view

4. 事件监听器

为了在单击 ListView 的各个列表项时，获取选择项的值，需要为 ListView 添加 OnItemClickListener() 事件监听器。

任务实施

1. 布局文件 simple_item.xml 的实现

```xml
<?xml version="1.0" encoding="utf-8"?>
<!-- 每个列表项的布局文件,左边显示一张图片,右边是上下分布的两个文本框描述,这样就使List-
View的列表项更加复杂了 -->
<LinearLayout
xmlns:android="http://schemas.android.com/apk/res/android"
    android:layout_width="match_parent"
    android:layout_height="match_parent"
    android:orientation="horizontal" >
<!-- 定义一个ImageView,作为列表项的一部分,ID与Java代码中相同 -->
    <ImageView
        android:id="@+id/header"
        android:layout_width="50dp"
        android:layout_height="50dp"
        android:src="@drawable/yuan" />
    <LinearLayout
        android:layout_width="wrap_content"
        android:layout_height="match_parent"
        android:orientation="vertical" >
<!-- 定义一个TextView,,作为列表项的一部分 -->
        <TextView
            android:id="@+id/name"
            android:layout_width="wrap_content"
            android:layout_height="wrap_content"
            android:paddingLeft="10dp"
            android:textColor="#f0f"
```

```xml
            android:textSize = "18sp" />
<!-- 定义一个 TextView,,作为列表项的一部分 -->
        <TextView
            android:id = "@+id/desc"
            android:layout_width = "wrap_content"
            android:layout_height = "wrap_content"
            android:paddingLeft = "10dp"
            android:textSize = "14sp" />
    </LinearLayout>
</LinearLayout>
```

2. 布局文件 activity_main.xml 的实现

```xml
<?xml version = "1.0" encoding = "utf-8"?>
<LinearLayout
xmlns:android = "http://schemas.android.com/apk/res/android"
    android:layout_width = "match_parent"
    android:layout_height = "match_parent"
    android:orientation = "vertical" >

    <TextView
        android:id = "@+id/name"
        android:layout_width = "fill_parent"
        android:layout_height = "wrap_content"
        android:layout_weight = "0.00"
        android:gravity = "center_horizontal"
        android:text = "传统节日"
        android:textColor = "@android:color/holo_red_dark"
        android:textSize = "40dp" />
    <!-- 定义一个 ListView -->
    <ListView
        android:id = "@+id/listView1"
        android:layout_width = "fill_parent"
        android:layout_height = "255dp"
        android:layout_marginTop = "20dp" >
    </ListView>
    <TextView
        android:id = "@+id/textView1"
        android:layout_width = "fill_parent"
        android:layout_height = "wrap_content"
        android:layout_weight = "0.00"
        android:textColor = "@android:color/holo_red_dark"
        android:textSize = "20sp" />
</LinearLayout>
```

3. 界面程序文件 MainActivity.java 的实现

```java
package com.example.myapplication;
import androidx.appcompat.app.AppCompatActivity;
```

```java
import android.os.Bundle;
import android.view.View;
import android.widget.AdapterView;
import android.widget.ListView;
import android.widget.SimpleAdapter;
import android.widget.TextView;
import java.util.ArrayList;
import java.util.HashMap;
import java.util.List;
import java.util.Map;
public class MainActivity extends AppCompatActivity {
    private String[] names = new String[]{"元宵节","端午节","中秋节","重阳节"};
    private String[] descs = new String[]{"正月十五,吃元宵","五月初五,划龙舟","八月十五,团团圆圆","九月初九,登高敬老"};
    private int[] imagesIds = new int[]{R.drawable.yuan, R.drawable.duan, R.drawable.zhong, R.drawable.chong};

    protected void onCreate(Bundle savedInstanceState) {
        super.onCreate(savedInstanceState);
        setContentView(R.layout.activity_main);

        final TextView show = (TextView) findViewById(R.id.textView1);
        //创建一个List集合。List集合的元素是Map
        List<Map<String,Object>> listItems = new ArrayList<Map<String,Object>>();
        //第一步:创建List集合
        //for循环,为list赋值
        for(int i = 0; i < names.length; i++){
            Map<String,Object> item = new HashMap<String,Object>();
            item.put("header", imagesIds[i]);
            item.put("personName", names[i]);
            item.put("desc", descs[i]);
            //把列表项放入list中
            listItems.add(item);
        }
        //第二步:设置SimpleAdapter的参数
        /* SimpleAdapter对象,需要5个参数,后面4个是关键
         * 第2个参数:是一个List<Map<? extends Map<string,? >>的集合对象,集合中的每个Map<string,? >对象是一个列表项
         * 第3个参数:该参数指定一个列表项布局界面的ID
         * 第4个参数:一个String[]类型的参数,决定提取Map对象中的那些key值对应value类生成类表项就是需要显示值
         * 第5个参数:int[]类型的参数,决定填充哪些组件,就是使用显示值的组件ID
         * 注意:第4,5个参数的数组需要一一对应才行
         */
        /* SimpleAdapter adapter = new SimpleAdapter(context:一般指当前Activity对象,data:数据源变量,layout:每个列表项显示的布局,new String[]{}:数据源中的"键",new int[]{}:显示数据源的控件ID); */
```

```
        SimpleAdapter sd = new
SimpleAdapter(this ,listItems,R.layout.simple_item,
              new String[]{"personName","header","desc"},new int []{R.id.name,
R.id.header,R.id.desc});
        //为 ListView 设置 Adapter
        ListView list =(ListView) findViewById(R.id.listView1);
        list.setAdapter(sd);//第三步:添加 adapter
        //为列表项设置点击事件
    list.setOnItemClickListener(new
AdapterView.OnItemClickListener(){
            //第 position 项被单击时触发该方法
            public void onItemClick(AdapterView<?> parent,
View view, int position, long id) {
                show.setText(names[position] + "是
"+descs[position]);
            }
        });
    }
}
```

知识巩固

【单选题】为 ListView 对象设置数据源（即要与列表项进行关联），需要调用（　　）方法。

A. setOnItemClickListener( )　　　　B. setAdapter( )

C. addFooterView( )　　　　　　　　D. addHeaderView( )

正确答案：B

【单选题】为 ListView 对象注册单击选项时触发的事件监听器，应该调用（　　）方法。

A. setOnItemSelectedListener( )

B. setOnItemLongClickListener( )

C. setOnRatingBarChangeListener( )

D. setOnItemClickListener( )

正确答案：D

【多选题】为列表创建数据源的方法有（　　）。

A. 先定义数组资源，然后在布局文件中为 ListView 设置 entries 属性

B. 使用 Spinner 为 ListView 设置数据源

C. 使用 ArrayAdapter 为 ListView 设置数据源

D. 使用 SimpleAdapter 为 ListView 设置数据源

正确答案：ACD

工作任务单

《Android 移动开发项目式教程》工作任务单

工作任务			
小组名称		工作成员	
工作时间		完成总时间	
工作任务描述			

小组分工	姓名	工作任务

任务执行结果记录		
序号	工作内容	完成情况	操作员

任务实施过程记录

验收评定		验收人签字	

学习成果评价

学号		姓名		班级		
评价栏目	任务详情	评价要素	分值	评价主体		
				学生自评	小组互评	教师点评
任务功能实现	使用 RatingBar 显示五星好评	任务功能是否实现	10			
	使用 TabHost 定制多页选项卡	任务功能是否实现	10			
	自定义 AlertDialog 对学习强国官网进行访问	任务功能是否实现	10			
	使用 Spinner 实现垃圾分类	任务功能是否实现	10			
	通过 ListView 展示图文结合的不同方式	任务功能是否实现	10			
代码编写规范	基础知识	基础知识是否扎实，Android 代码编写是否规范并符合要求	6			
	标点符号使用	是否是英文标点符号	2			
	标识符设计	标识符是否按规定格式设置，并实现见名知意	2			
	代码可读性	代码可读性是否友好	6			
	代码优化程度	代码是否已被优化	2			
	代码执行耗时	执行时间可否接受	2			
操作熟练度	代码编写流程	编写流程是否熟练	4			
	程序运行操作	运行操作是否正确	4			
	调试与完善操作	调试过程是否合规	2			
创新性	代码编写思路	设计思路是否创新	5			
	手机界面显示效果	显示界面是否创新	5			
职业素养	态度	是否认真细致、遵守课堂纪律、学习积极、团队协作	4			
	操作规范	是否编码格式对齐、是否操作规范	2			
	设计理念	是否突显用户中心设计理念	4			
总分			100			

教学过程评价

亲爱的同学，本项目学习结束了，感谢你始终如一地努力学习和积极配合。为了能使我们不断做出改进，提高教学效果，我们很乐意了解你对本项目学习的真实想法。所搜集的数据我们都将保密并采用不记名的方式。有些问题只需要做出选择，有些问题以几个关键字给出简单的回答即可。

项目名称：		教师姓名：		
上课时间：	很满意	满意	一般	不满意
一、项目教学组织评价				
1. 你对课程教学秩序是否满意	□	□	□	□
2. 你对实训室的环境卫生状况是否满意	□	□	□	□
3. 你对课堂整体纪律表现是否满意	□	□	□	□
4. 你对你们小组的总体表现是否满意	□	□	□	□
5. 你对这种教学模式是否满意	□	□	□	□
二、授课教师评价				
教师组织授课通俗易懂、结构清晰	□	□	□	□
教师能认真指导学生、因材施教	□	□	□	□
教师非常关注学生的学习效果	□	□	□	□
理论和实践的比例安排合理	□	□	□	□
三、授课内容评价				
课程内容是否适合你的水平	□	□	□	□
授课中使用的各种学习资料和在线资源是否满意	□	□	□	□

请回答下列问题：

1. 在教学组织方面，哪些还需要进一步改进？

2. 哪些授课内容你比较满意？哪些方面还需要进一步改进？

3. 哪些授课内容你不感兴趣？为什么？

项目六

数据存储和数据共享

项目介绍：

任何应用程序都需要存储或读取数据，Android 应用程序也不例外，例如，是否记住用户登录信息、数据保存、图片存储等。Android 提供了应用程序私有、共享、偏好设置和数据库等不同应用场景的多种数据存储技术，这些存储技术可以将数据保存到不同的存储介质上，分别有 SharedPreferences、XML 文件、SQLite 数据库 3 种方式。本项目将详细介绍 Android 的数据存储和数据共享。

知识图谱：

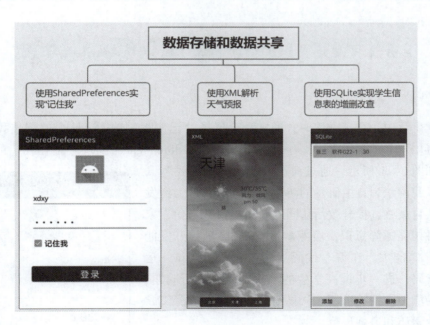

学习要求：

1. 素质目标

培养学生精益求精的职业精神、认真细致的工作态度；培养学生动手实践技能和分析问题、解决问题的能力；培养学生团队协作精神、数据存储与容灾能力，熟练开发 Android 应用程序能力。

2. 知识目标

了解 3 种存储方式的含义及特点；掌握 SharedPreferences 存储数据、读取数据的方法；掌握 XML 文件存储的方法；掌握 SQLite 数据库的应用，实现数据的增删改查功能。

3. 能力目标

培养学生具备熟练使用 SharedPreferences 对象存储数据的能力；熟练使用 XML 文件存储数据的能力；熟练使用 SQLite 数据库保存数据的能力。

1＋X 证书考点：

工作领域	工作任务	专业技能要求	课程内容
3. Android 编程	3.2 数据共享和存储	3.2.1 能够熟悉安卓中各种存储方式及其特点 3.2.2 能够掌握安卓中利用对象进行键值对读写数据 3.2.3 能够掌握安卓文件存储，熟悉内部存储和外部存储的区别与应用场景 3.2.4 能够掌握安卓中的数据库存储的使用和应用场景	任务 1：使用 SharedPreferences 实现"记住我" 任务 2：使用 XML 解析天气预报 任务 3：使用 SQLite 实现学生信息表的增删改查

任务 1　使用 SharedPreferences 实现"记住我"

任务描述

在日常生活中，登录微信时，通常都会选择"记住我"功能，这个"记住我"功能实际上就是将用户名、密码进行保存。下面通过 SharedPreferences 实现"记住我"的功能，运行效果图如图 6－1 所示。通过演示微信的"记住我"真实项目，以我国华为自主研发的鸿蒙数据存储为例，激发学生的民族自豪感，提升政治认同度，增强民族自信、家国情怀、科技强国等意识，培养学生 Android 项目开发能力和数据存储能力。在编写代码过程中，不断调试、运行、完善代码，进一步提高学生的动手实践、分析问题、解决问题的能力，精益求精、认真细致的学习态度，工匠精神，职业素质和道德规范。

图 6－1　"记住我"效果图

任务分析

开发此应用程序需要引用和编辑的文件见表 6－1。其中，图片资源引用的是@mipmap/ic_launcher_round；编辑 res/layout 中的 activity_main.xml 文件，编写弹性布局，在该弹性布局内，使用 ImageView 展示图片，使用 EditText 展示用户名和密码，使用 CheckBox 展示"记住我"复选框，使用 Button 展示"登录"按钮；编辑 MainActivity.java 文件使用 SharedPreferences 实现"记住我"的功能。

表 6-1 SharedPreferences 操作的文件列表

文件类型	文件名	操作
图片资源	@mipmap/ic_launcher_round	添加
布局文件	res/layout/activity_main.xml	编辑
界面程序文件	src/main/java/包名/MainActivity.java	编辑

知识要点

SharedPreferences 是 Android 提供的一种简单的数据存储类，它使用键值对的方式保存应用程序的一些简单配置信息，如用户登录信息、播放音乐退出时的状态、设置选项等。SharedPreferences 支持多种不同数据类型的存储，也是 Android 中最简单的存储技术。

1. 存储数据

SharedPreferences 是存储键值对（key-value）数据的 XML 文件，数据存储在手机内存的私有目录/data/data/<包名>/shared_prefs 中。存储数据首先需要获取 SharedPreferences 对象，Android 提供两种方法得到 SharedPreferences 对象：

（1）Context 类的 getSharedPreferences() 方法

语法格式：getSharedPreferences(String name, int mode);

语法说明：此方法接收两个参数，第一个参数用于指定 SharedPreferences 文件的名称，如果指定的文件不存在，则创建文件；第二个参数用于指定操作模式，目前模式只有 MODE_PRIVATE，表示只有当前的应用可以对这个文件进行读写。

（2）Activity 类的 getPreferences() 方法

语法格式：getPreferences(int mode);

语法说明：此方法只有一个操作模式的参数，它自动将当前活动的类名当作 SharedPreferences 的文件名。获取 SharedPreferences 对象后，就可以将数据存储到 SharedPreferences 文件中，具体步骤如下：

第 1 步：调用 SharedPreferences 的 edit() 方法获取 Editor 对象。SharedPreferences 对象本身只能获取数据，数据的存储和修改需要通过 SharedPreferences 的内部接口 Editor 实现。

第 2 步：通过 Editor 对象存储 key-value 键值对数据。Editor 对象的 putXxx() 方法用于保存键值对。其中，Xxx 表示键值对的不同数据类型，如 String 类型用 putString() 方法，Int 类型用 putInt() 方法，依此类推。PutXxx() 方法接收两个参数，第一个参数是 String 类型的 key 值，第二个参数是 value 值，value 的类型与 Xxx 指定的类型要匹配。

第 3 步：调用 apply() 或 commit() 方法提交数据，数据被存储在指定的 XML 文件中。

提示：由于 getPreferences() 方法不能自定义文件名，推荐使用 getSharedPreferences()。

(3) 示例代码

```
SharedPreferences sp = getSharedPreferences("user", MODE_PRIVATE);
SharedPreferences.Editor edit = sp.edit();
edit.putString("username", "安卓");
edit.putInt("age", 20);
edit.apply();
```

2. 读取数据

SharedPreferences 读取数据非常简单，只需要使用 SharedPreferences 对象的 getXxx() 方法即可获取。其中，Xxx 的含义与 putXxx() 方法的相同。

getXxx() 方法需要两个参数，第一个参数是获取数据的 key 值，第二个参数是默认值，如果 key 值不存在，则返回默认值。例如：sp.getString("username", "张三")，若 username 不存在，则返回"张三"。

(1) 示例代码

```
SharedPreferences sp = getSharedPreferences("user", MODE_PRIVATE);
String username = sp.getString("username", "张三");
Int age = sp.getInt("age", 12);
```

(2) 其他方法

除了 getXxx() 方法，SharedPreferences 还提供了 remove(String key) 方法用于删除键为 key 值的 value 值。clear() 方法用于清空文件中的所有数据。

任务实施

步骤一：布局文件 activity_main.xml 代码。

```
<?xml version = "1.0" encoding = "utf-8"?>
<androidx.constraintlayout.widget.ConstraintLayout
xmlns:android = "http://schemas.android.com/apk/res/android"
    xmlns:app = "http://schemas.android.com/apk/res-auto"
    xmlns:tools = "http://schemas.android.com/tools"
    android:layout_width = "match_parent"
    android:layout_height = "match_parent"
    tools:context = ".MainActivity">
    <ImageView
        android:id = "@+id/iv_header"
        android:layout_width = "wrap_content"
        android:layout_height = "wrap_content"
        android:layout_margin = "16dp"
        android:layout_marginTop = "32dp"
        android:src = "@mipmap/ic_launcher_round"
        app:layout_constraintEnd_toEndOf = "parent"
        app:layout_constraintStart_toStartOf = "parent"
        app:layout_constraintTop_toTopOf = "parent" />
```

```xml
<EditText
    android:id="@+id/et_username"
    android:layout_width="match_parent"
    android:layout_height="48dp"
    android:layout_marginStart="32dp"
    android:layout_marginTop="16dp"
    android:layout_marginEnd="32dp"
    android:hint="请输入用户名"
    android:inputType="text"
    app:layout_constraintEnd_toEndOf="parent"
    app:layout_constraintStart_toStartOf="parent"
    app:layout_constraintTop_toBottomOf="@id/iv_header" />
<EditText
    android:id="@+id/et_password"
    android:layout_width="0dp"
    android:layout_height="48dp"
    android:layout_marginTop="16dp"
    android:hint="请输入密码"
    android:inputType="textPassword"
    app:layout_constraintEnd_toEndOf="@+id/et_username"
    app:layout_constraintLeft_toLeftOf="@id/et_username"
    app:layout_constraintRight_toRightOf="@id/et_username"
    app:layout_constraintStart_toStartOf="@+id/et_username"
    app:layout_constraintTop_toBottomOf="@id/et_username" />
<CheckBox
    android:id="@+id/cb_remember"
    android:layout_width="0dp"
    android:layout_height="wrap_content"
    android:layout_marginTop="8dp"
    android:text="记住我"
    android:textSize="20sp"
    app:layout_constraintEnd_toEndOf="@+id/et_password"
    app:layout_constraintLeft_toRightOf="parent"
    app:layout_constraintRight_toRightOf="parent"
    app:layout_constraintStart_toStartOf="@+id/et_password"
    app:layout_constraintTop_toBottomOf="@+id/et_password" />
<Button
    android:id="@+id/bt_login"
    android:layout_width="0dp"
    android:layout_height="wrap_content"
    android:layout_marginTop="32dp"
    android:gravity="center_horizontal"
    android:text="登录"
    android:textSize="24sp"
    app:layout_constraintEnd_toEndOf="@+id/et_password"
    app:layout_constraintHorizontal_bias="0.0"
    app:layout_constraintLeft_toLeftOf="parent"
    app:layout_constraintRight_toRightOf="parent"
    app:layout_constraintStart_toStartOf="@+id/et_password"
    app:layout_constraintTop_toBottomOf="@+id/cb_remember" />
</androidx.constraintlayout.widget.ConstraintLayout>
```

步骤二：编写 MainActivity.java 代码。
在 MainActivity 类的 onCreate( ) 方法中需要完成 3 步关键操作：
① 获取 EditText、Button 和 CheckBox 控件并实现初始化。
② 实现按钮登录功能。
③ 实现"记住我"功能。

```java
package com.xdxy.sharedpreferences;
import androidx.appcompat.app.AppCompatActivity;
import android.content.SharedPreferences;
import android.os.Bundle;
import android.text.TextUtils;
import android.view.View;
import android.widget.Button;
import android.widget.CheckBox;
import android.widget.EditText;
import android.widget.Toast;
public class MainActivity extends AppCompatActivity {

    EditText etUsername, etPassword;
    CheckBox cbRemember;
    Button btLogin;

    @Override
    protected void onCreate(Bundle savedInstanceState) {
        super.onCreate(savedInstanceState);
        setContentView(R.layout.activity_main);
        initView();
        checkRemember();
    }

    //控件初始化、登录功能
    private void initView() {
        etUsername = findViewById(R.id.et_username);
        etPassword = findViewById(R.id.et_password);
        cbRemember = findViewById(R.id.cb_remember);
        btLogin = findViewById(R.id.bt_login);
        btLogin.setOnClickListener(new View.OnClickListener() {
            @Override
            public void onClick(View view) {
                String username = etUsername.getText().toString();
                String password = etPassword.getText().toString();
                if (!TextUtils.isEmpty(username) && !TextUtils.isEmpty(password)) {
                    if (cbRemember.isChecked()) {
                        remember(username, password);
                    } else {
                        clear();
                    }
                    Toast.makeText(MainActivity.this, "登录成功", Toast.LENGTH_SHORT).show();
```

```
        } else {
            Toast.makeText(MainActivity.this,"用户名或密码不能为空",
Toast.LENGTH_SHORT).show();
        }
      }
    });
}
//"记住我"功能
private void remember(String username, String password) {
    SharedPreferences sp = getSharedPreferences("user", MODE_PRIVATE);
    SharedPreferences.Editor edit = sp.edit();
    edit.putString("username", username);
    edit.putString("password", password);
    edit.apply();
    edit.commit();
}

private void checkRemember() {
    SharedPreferences sp = getSharedPreferences("user", MODE_PRIVATE);
    String username = sp.getString("username", "");
    String password = sp.getString("password", "");
    etUsername.setText(username);
    etPassword.setText(password);
}

private void clear() {
    SharedPreferences sp = getSharedPreferences("user", MODE_PRIVATE);
    SharedPreferences.Editor edit = sp.edit();
    edit.remove("username");
    edit.clear();
    edit.apply();
}
}
```

步骤三：运行项目。

输入用户名和密码，选中"记住我"复选框，系统调用 remember( )方法将数据存储到 user.xml 中，使用 Device File Explorer 找到/data/data/包名/shared_prefs 目录下的 user.xml，如图 6 -2 所示。

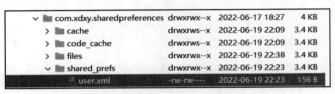

图 6-2　user.xml 文件的位置

双击打开 user.xml 文件，存储信息如图 6 – 3 所示，输入用户名和密码的数据已经存储在 user.xml 中。

```
<?xml version='1.0' encoding='utf-8' standalone='yes' ?>
<map>
    <string name="password">123456</string>
    <string name="username">xdxy</string>
</map>
```

图 6 – 3 user.xml 图

知识巩固

1. （多选题）下列选项中，属于 SharedPreferences 存储数据的方法是（　　）。
   A. getSharedPreferences( )　　　　　　　B. getXxx( )
   C. getPreferences( )　　　　　　　　　　D. 以上方法都不对
2. 下列选项中，属于指定文件只能被当前程序读写的操作模式是（　　）。
   A. MODE_PRIVATE　　　　　　　　　　B. MODE_APPEND
   C. MODE_WORLD_READABLE　　　　　D. MODE_WORLD_WRITEABLE
3. 下列选项中，属于获取 SharedPreferences 的实例对象的方法是（　　）。
   A. SharedPreferences.Editor　　　　　　 B. getPreferences( )
   C. getSharedPreferences( )　　　　　　　D. 以上方法都不对

工作任务单

《Android 移动开发项目式教程》工作任务单

工作任务			
小组名称		工作成员	
工作时间		完成总时间	
工作任务描述			
小组分工	姓名		工作任务

续表

任务执行结果记录			
序号	工作内容	完成情况	操作员

任务实施过程记录			

| 验收评定 | | 验收人签字 | |

任务2 使用 XML 解析天气预报

任务描述

在实际生活中，绝大多数人的手机中都自带一个天气预报的软件，这些软件在获取天气信息时，都可以通过解析 XML 文档得到，运行效果图如图 6-4 所示。接下来通过一个天气预报演示如何解析 XML 数据，进一步培养学生理论与实际相结合的能力，用 XML 解析知识实现天气预报显示功能。同时，培养学生将科学严谨的学习态度与开拓进取的创新精神相结合，不断探索，精益求精，努力将自身打造成科技创新型人才。

任务分析

开发此应用程序需要添加和编辑的文件见表 6-2。其中，在 res/drawable 中添加 background.jpeg、clouds_sun.png、rain.png 和 sun.png 4 张图片；编辑 res/layout 中的 activity_main.xml 文件，实现界面相对布局；新建 raw 文件夹，在文

图 6-4 天气预报效果图

件夹中添加 weather1.xml 文件，编写天气数据；编辑 MainActivity.java 文件、添加 WeatherInfo.java 文件和 WeatherService.java 文件，实现 XML 解析天气预报功能。

表 6–2　XML 操作的文件列表

文件类型		文件名	操作
资源文件	图片资源	res/drawable/background.jpeg、clouds_sun.png、rain.png、sun.png	添加
	布局文件	res/layout/activity_main.xml	编辑
	xml 资源	raw/weather1.xml	添加
界面程序文件		src/main/java/包名/MainActivity.java	编辑
		src/main/java/包名/WeatherInfo.java	添加
		src/main/java/包名/WeatherService.java	添加

知识要点

XML 在各种开发中应用都很广泛，在 Android 中若要操作 XML 文件，首先需要将 XML 文件解析出来。通常情况下，XML 文件有 3 种解析方式，分别是 DOM 解析、SAX 解析和 PULL 解析，接下来针对这 3 种方式进行简单的介绍。

1. DOM 解析

DOM 解析会将 XML 文件中所有内容以 DOM 树（文档树）形式存放在内存中，然后通过 DOM API 遍历、检索所需的数据，根据树结构以节点形式来对文件进行操作，支持删除、修改功能。

需要注意的是，由于 DOM 需要先将整个 XML 文件存放在内存中，消耗内存较大，因此，较大的文件不建议采用这种方式解析。

2. SAX 解析

SAX 解析会逐行扫描 XML 文件，当遇到标签时触发解析处理器，采用事件处理的方式解析 XML 文件。它在读取文件的同时即可进行解析处理，不必等到文件加载结束，相对快捷，可解析超大的 XML 文件。缺点是 SAX 解析只能读取 XML 中的数据，无法进行增、删、改功能。

3. PULL 解析

PULL 解析是一个开源的 Java 项目，既可以用于 Android 应用，也可以用于 JavaEE 程序。Android 已经集成了 PULL 解析器，因此，在 Android 中最常用的解析方式就是 PULL 解析。

使用 PULL 解析 XML 文件，首先要创建 XmlPullParser 解析器，该解析器提供了很多属性，通过这些属性可以解析出 XML 文件中的各个节点内容。

XmlPullParser 的常用属性如下：

- XmlPullParser. START_DOCUMENT：XML 文件的开始，如 <?xml version = "1.0" encoding = "utf - 8"?>。
- XmlPullParser. END_DOCUMENT：XML 文件的结束。
- XmlPullParser. START_TAG：开始节点。在 XML 文件中，除了文本之外，带有 < > 的都是开始节点，如 <weather>。
- XmlPullParser. END_TAG：结束节点，带有 </ > 的都是结束节点，如 </weather>。

任务实施

步骤一：布局文件 activity_main. xml 代码。

```
<?xml version = "1.0" encoding = "utf - 8"?>
<RelativeLayout xmlns:android = "http://schemas.android.com/apk/res/android"
    xmlns:tools = "http://schemas.android.com/tools"
    android:layout_width = "match_parent"
    android:layout_height = "match_parent"
    android:background = "@drawable/background"
    tools:context = ".MainActivity" >
    <TextView
        android:id = "@ + id/tv_city"
        android:layout_width = "wrap_content"
        android:layout_height = "wrap_content"
        android:layout_alignEnd = "@ + id/tv_weather"
        android:layout_alignParentTop = "true"
        android:layout_alignRight = "@ + id/tv_weather"
        android:layout_marginTop = "39dp"
        android:text = "上海"
        android:textSize = "50sp" />
    <ImageView
        android:id = "@ + id/iv_icon"
        android:layout_width = "70dp"
        android:layout_height = "70dp"
        android:layout_alignLeft = "@ + id/ll_btn"
        android:layout_alignStart = "@ + id/ll_btn"
        android:layout_below = "@ + id/tv_city"
        android:layout_marginLeft = "44dp"
        android:layout_marginStart = "44dp"
        android:layout_marginTop = "42dp"
        android:paddingBottom = "5dp"
        android:src = "@mipmap/ic_launcher" />
    <TextView
        android:id = "@ + id/tv_weather"
        android:layout_width = "wrap_content"
        android:layout_height = "wrap_content"
        android:layout_alignRight = "@ + id/iv_icon"
        android:layout_below = "@ + id/iv_icon"
        android:layout_marginRight = "15dp"
        android:layout_marginTop = "18dp"
```

```xml
        android:gravity = "center"
        android:text = "多云"
        android:textSize = "18sp"/>
    <LinearLayout
        android:layout_width = "wrap_content"
        android:layout_height = "wrap_content"
        android:layout_alignTop = "@ + id/iv_icon"
        android:layout_marginLeft = "39dp"
        android:layout_marginStart = "39dp"
        android:layout_toEndOf = "@ + id/iv_icon"
        android:layout_toRightOf = "@ + id/iv_icon"
        android:gravity = "center"
        android:orientation = "vertical" >
        <TextView
            android:id = "@ + id/tv_temp"
            android:layout_width = "wrap_content"
            android:layout_height = "wrap_content"
            android:layout_marginTop = "10dp"
            android:gravity = "center_vertical"
            android:text = " -7℃"
            android:textSize = "22sp"/>
    <TextView
        android:id = "@ + id/tv_wind"
        android:layout_width = "wrap_content"
        android:layout_height = "wrap_content"
        android:text = "风力:3 级"
        android:textSize = "18sp"/>
    <TextView
        android:id = "@ + id/tv_pm"
        android:layout_width = "73dp"
        android:layout_height = "wrap_content"
        android:text = "pm"
        android:textSize = "18sp"/>
    </LinearLayout>
    <LinearLayout
        android:id = "@ + id/ll_btn"
        android:layout_width = "wrap_content"
        android:layout_height = "wrap_content"
        android:layout_alignParentBottom = "true"
        android:layout_centerHorizontal = "true"
        android:orientation = "horizontal" >
        <Button
            android:id = "@ + id/btn_bj"
            android:layout_width = "wrap_content"
            android:layout_height = "wrap_content"
            android:text = "北京"/>
        <Button
            android:id = "@ + id/btn_tj"
            android:layout_width = "wrap_content"
```

```
            android:layout_height = "wrap_content"
            android:text = "天津"/>
        <Button
            android:id = "@ + id/btn_sh"
            android:layout_width = "wrap_content"
            android:layout_height = "wrap_content"
            android:text = "上海"/>
    </LinearLayout>
</RelativeLayout>
```

步骤二：新建 raw 文件夹，在 raw 文件夹内新建 weather1.xml 文件。

```xml
<?xml version = "1.0" encoding = "utf - 8"? >
<infos>
    <city id = "bj" >
        <temp>26℃/32℃</temp>
        <weather>晴转多云</weather>
        <name>北京</name>
        <pm>70</pm>
        <wind>1 级</wind>
    </city>
    <city id = "tj" >
        <temp>30℃/35℃</temp>
        <weather>晴</weather>
        <name>天津</name>
        <pm>50</pm>
        <wind>微风</wind>
    </city>
    <city id = "sh" >
        <temp>20℃/25℃</temp>
        <weather>小雨</weather>
        <name>上海</name>
        <pm>90</pm>
        <wind>3 级</wind>
    </city>
</infos>
```

步骤三：新建 WeatherInfo.java 文件，将 weather1.xml 数据进行类的实例化。

```java
package com.xdxy.xml;

class WeatherInfo {
    private String id;
    private String temp;
    private String weather;
    private String name;
    private String pm;
    private String wind;
```

```java
    public String getId() {
        return id;
    }

    public void setId(String id) {
        this.id = id;
    }

    public String getTemp() {
        return temp;
    }

    public void setTemp(String temp) {
        this.temp = temp;
    }

    public String getWeather() {
        return weather;
    }

    public void setWeather(String weather) {
        this.weather = weather;
    }

    public String getName() {
        return name;
    }

    public void setName(String name) {
        this.name = name;
    }

    public String getPm() {
        return pm;
    }

    public void setPm(String pm) {
        this.pm = pm;
    }
    public String getWind() {
        return wind;
    }

    public void setWind(String wind) {
        this.wind = wind;
    }
}
```

步骤四：新建 WeatherService. java 文件，对 WeatherInfo. java 进行 xml 解析。

```java
package com.xdxy.xml;

import android.util.Xml;

import org.xmlpull.v1.XmlPullParser;

import java.io.InputStream;
import java.util.ArrayList;
import java.util.List;

class WeatherService{
    //解析 xml 文件返回天气信息的集合
    public static List<WeatherInfo> getInfosFromXML(InputStream is) throws Exception{
        //得到 Pull 解析器
        XmlPullParser parser = Xml.newPullParser();
        //初始化解析器,第一个参数代表包含 xml 的数据
        parser.setInput(is,"utf-8");
        List<WeatherInfo> weatherInfos = null;
        WeatherInfo weatherInfo = null;
        //得到当前事件的类型
        int type = parser.getEventType();
        //END_DOCUMENT 文档结束标签
        while(type! = XmlPullParser.END_DOCUMENT){
            switch(type){
                //一个节点的开始标签
                case XmlPullParser.START_TAG:
                    //解析到全局开始的标签 infos 根节点
                    if("infos".equals(parser.getName())){
                        weatherInfos = new ArrayList<WeatherInfo>();
                    }else if("city".equals(parser.getName())){
                        weatherInfo = new WeatherInfo();
                        String idStr = parser.getAttributeValue(0);
                        weatherInfo.setId(idStr);
                    }else if("temp".equals(parser.getName())){
                        //parser.nextText()得到该 tag 节点中的内容
                        String temp = parser.nextText();
                        weatherInfo.setTemp(temp);
                    }else if("weather".equals(parser.getName())){
                        String weather = parser.nextText();
                        weatherInfo.setWeather(weather);
                    }else if("name".equals(parser.getName())){
                        String name = parser.nextText();
                        weatherInfo.setName(name);
                    }else if("pm".equals(parser.getName())){
                        String pm = parser.nextText();
                        weatherInfo.setPm(pm);
                    }else if("wind".equals(parser.getName())){
                        String wind = parser.nextText();
                        weatherInfo.setWind(wind);
```

```
                }
                break;
                //一个节点结束的标签
            case XmlPullParser.END_TAG:
                //一个城市的信息处理完毕,city 的结束标签
                if("city".equals(parser.getName())){
                    weatherInfos.add(weatherInfo);
                    weatherInfo = null;
                }
                break;
            }
            type = parser.next();
        }
        return weatherInfos;
    }
}
```

步骤五：编写 MainActivity.java 代码。

在 MainActivity 类的 onCreate() 方法中需要完成 3 步关键操作：

①获取控件并实现初始化。

②实现按钮单击功能。

③实现将城市信息分条展示到界面上。

```java
package com.xdxy.xml;

import androidx.appcompat.app.AppCompatActivity;
import android.os.Bundle;
import android.view.View;
import android.widget.ImageView;
import android.widget.TextView;
import android.widget.Toast;
import java.io.InputStream;
import java.util.ArrayList;
import java.util.HashMap;
import java.util.List;
import java.util.Map;

public class MainActivity extends AppCompatActivity implements
View.OnClickListener {
    private TextView tvCity,tvWeather,tvTemp,tvWind,tvPm;
    private ImageView ivIcon;
    private Map<String,String> map;
    private List<Map<String,String>> list;
    private String temp,weather,name,pm,wind;
    @Override
    protected void onCreate(Bundle savedInstanceState) {
        super.onCreate(savedInstanceState);
```

```java
setContentView(R.layout.activity_main);
initView();
try{
    //读取weather1.xml文件
    InputStream is = this.getResources().openRawResource(R.raw.weather1);
    //把每个城市的天气信息集合存到weatherInfos中
    List<WeatherInfo> weatherInfos = WeatherService.getInfosFromXML(is);
    //循环读取weatherInfos中的每一条数据
    list = new ArrayList<Map<String,String>>();
    for (WeatherInfo info:weatherInfos){
        map = new HashMap<String,String>();
        map.put("temp",info.getTemp());
        map.put("weather",info.getWeather());
        map.put("name",info.getName());
        map.put("pm",info.getPm());
        map.put("wind", info.getWind());
        list.add(map);
    }
}catch (Exception e){
    e.printStackTrace();
    Toast.makeText(this,"解析信息失败",Toast.LENGTH_SHORT).show();
}
//自定义getMap()方法,显示天气信息到文本控件中,默认显示北京的天气
getMap(1,R.drawable.sun);
}
private void initView(){
    tvCity = findViewById(R.id.tv_city);
    tvWeather = findViewById(R.id.tv_weather);
    tvTemp = findViewById(R.id.tv_temp);
    tvWind = findViewById(R.id.tv_wind);
    tvPm = findViewById(R.id.tv_pm);
    ivIcon = findViewById(R.id.iv_icon);
    findViewById(R.id.btn_bj).setOnClickListener(this);
    findViewById(R.id.btn_tj).setOnClickListener(this);
    findViewById(R.id.btn_sh).setOnClickListener(this);
}
@Override
public void onClick(View v){
    switch (v.getId()){
        case R.id.btn_bj:
            getMap(0,R.drawable.clouds_sun);
            break;
        case R.id.btn_tj:
            getMap(1,R.drawable.sun);
            break;
        case R.id.btn_sh:
            getMap(2,R.drawable.rain);
            break;
    }
}
```

```
        //将城市天气信息分条展示到界面上
      private void getMap(int number,int iconNumber){
        Map < String,String > cityMap = list.get(number);
        temp = cityMap.get("temp");
        weather = cityMap.get("weather");
        name = cityMap.get("name");
        pm = cityMap.get("pm");
        wind = cityMap.get("wind");
        tvCity.setText(name);
        tvWeather.setText(weather);
        tvTemp.setText("" + temp);
        tvWind.setText("风力:" + wind);
        tvPm.setText("pm:" + pm);
        ivIcon.setImageResource(iconNumber);
      }
    }
```

知识巩固

1. （多选题）下列选项中，属于 XML 文件解析方式的是（   ）。
   A. DOM 解析　　　　　　　　　　　B. SAX 解析
   C. PULL 解析　　　　　　　　　　　D. JSON 解析
2. 下列选项中，描述正确的是（   ）。
   A. DOM 解析先将整个 XML 文件存放在内存中，消耗内存小
   B. SAX 解析能读取 XML 文件中的数据，可以实现增、删、改
   C. PULL 解析要创建 XmlPullParser 解析器
   D. </weather> 表示开始标签，<weather> 表示结束标签

工作任务单

《Android 移动开发项目式教程》工作任务单

工作任务			
小组名称		工作成员	
工作时间		完成总时间	
工作任务描述			

续表

小组分工	姓名		工作任务	

任务执行结果记录			
序号	工作内容	完成情况	操作员

任务实施过程记录			
验收评定		验收人签字	

任务3　使用 SQLite 实现学生信息表的增删改查

任务描述

　　在智慧校园 APP 中，经常会用到学生信息表的增删改查功能，学生信息表的数据存储就是通过 Android 自带的 SQLite 数据库实现的，运行效果如图 6-5 所示。接下来通过 SQLite 数据库演示如何对学生信息表进行增删改查，在编写程序的过程中，理解团队协作的重要性，了解团结合作是 Android 应用程序开发所遵循的基本规范之一。在指导学生代码编写过程中，润物细无声地培养学生做好分类计划、合理规划时间、代码规范和沟通表达的能力。

任务分析

开发此应用程序需要添加和编辑的文件见表 6-3。其中，在 res/drawable 中添加 item_selector.xml 图片文件；编辑 res/layout 中的 activity_main.xml 文件，实现主界面弹性布局；在 res/layout 中新建 activity_insert.xml 和 item_student.xml 文件，实现学生信息的添加界面和选中界面；在 res/values 中新建 styles.xml 文件，实现界面颜色；编辑 res/values 中的 strings.xml 文件，实现学生班级列表值；在 src/main/java/包中新建 5 个包，分别是：activity 包存放 Activity 类、adapter 包存放列表的适配器、dao 包存放数据库表操作的封装、entity 包存放数据库表的实体类、utils 包存放 SQLite 数据库的工具类等，在每个包中新建对应的 Java 文件，实现学生信息表的增删改查功能。

图 6-5　运行效果

表 6-3　SQLite 操作的文件列表

文件类型		文件名	操作
资源文件	图片资源	res/drawable/item_selector.xml	添加
	布局文件	res/layout/activity_main.xml	编辑
		res/layout/activity_insert.xml	添加
		res/layout/item_student.xml	添加
	样式资源	res/values/styles.xml	添加
	字符串资源	res/values/strings.xml	编辑
界面程序文件	Activity 类	src/main/java/包名/activity/MainActivity.java	编辑
		src/main/java/包名/activity/InsertActivity.java	添加
	适配器类	src/main/java/包名/adapter/StudentAdapter.java	添加
	数据库表操作类	src/main/java/包名/dao/StudentDao.java	添加
	数据库表实体类	src/main/java/包名/entity/Student.java	添加
	SQLite 数据库工具类	src/main/java/包名/utils/DBHelper.java	添加

知识要点

当应用程序需要处理的数据量比较大时，为了更加合理地存储、管理和查询数据，往往使用关系型数据库来存储数据。Android 提供了一款轻量级的数据库——SQLite，来实现对数据库操作的支持，开发人员很方便地使用这些 SQLite API 来对数据库进行创建、修改及查询等操作。

1. SQLite 简介

SQLite 是 2000 年由 D. Richard Hipp 发布的开源嵌入式数据库引擎，实现了自包容、无服务器、零配置及事务性。它是一个零配置的轻量级数据库，包括表在内的所有数据都存放在单个文件中，除 Android 外，很多开源项目也使用 SQLite。

SQLite 可以在所有主流的操作系统中运行，很容易地执行数据的增删改查操作。但由于移动设备的内存有限，SQLite 不能执行复杂的查询，不支持外键和左右连接，也不支持 Alter Table 的部分功能。尽管如此，它仍有很多突出的优点：轻量级；无须安装和管理配置；存储在单一文件中的数据；支持数据库大小可达 2 TB；没有额外依赖，独立性强；源代码完全开源；支持多种开发语言。

SQLite 采用动态数据类型，可以根据存入的值自动判断，它有 5 种数据类型，详情见表 6-4。虽然它支持的类型只有 5 种，但实际上它也接收 varchar、char、decimal 等类型，SQLite 在运算或保存时，会将它们转换为对应的 5 种数据类型。

表 6-4 SQLite 支持的数据类型

数据类型	描述
NULL	空值
INTEGER	带符号的整数，根据值的大小存储在 1、2、3、4、6 或 8 字节中
REAL	浮点值，存储为 8 字节的 IEEE 浮点数据
TEXT	文本字符串，使用数据库编码（UTF-8、UTF-16BE 或 UTF-16LE）存储
BLOB	二进制数据，根据它的输入进行存储

2. 创建数据库

由于 SQLite 数据库并不需要像其他数据库那样进行身份验证，使得获得 SQLite Database 对象就像获取文件一样简单。Android 并不自动提供数据库，为了方便管理数据库，Android 提供了 SQLiteOpenHelper 类，借助该类使得创建和升级数据库变得非常简单。

SQLiteOpenHelper 是一个抽象类，它有两个抽象方法：onCreate( ) 和 onUpgrade( )，分别实现数据库的创建和升级。使用 SQLiteOpenHelper 类需要创建一个自定义类来继承它，并重写这两个方法。

示例代码如下：

```
1.  public class DBHelper extends SQLiteOpenHelper{
2.    //创建表的 sql 字符串
3.    private final static String CREATE_TABLE_STUDENT = "create table t_student("
4.        +"_id integer primary key auto_increment,"
5.        +"name varchar(20),classmate varchar(30),age integer)";
6.    //构造函数
7.    public DBHelper(@Nullable Context context){
8.      super(context,"student.db",null,1);
9.    }
```

```
10.    //数据库第一次被创建时自动调用
11.    public void onCreate(SQLiteDatabase db){
12.        db.execSQL(DBHelper.CREATE_TABLE_STUDENT);
13.    }
14.    //当数据库版本号增加时被自动调用
15.    public void onUpgrade(SQLiteDatabase db,int oldVersion,int newVersion){
16.    }
17.}
```

在上述代码中，第 3~5 行创建了一个 SQL 语句字符串，实现创建表功能。第 6~9 行自定义类 DBHelper 的构造函数，通过 super( ) 方法调用父类的构造函数，传入 4 个参数，分别是上下文对象、数据库名称、游标工厂（通常为 null）和数据库版本号。第 10~13 行重写 onCreate( ) 方法，用于初始化数据库表，在数据库第一次创建时调用，创建的数据库文件存储在"/data/data/包名/databases"目录中。第 14~17 行 onUpgrade( ) 方法在新版本增加时调用，否则不调用。

注意：数据库的创建和更新都是在应用程序运行时自动调用的，无须代码调用。

onCreate( ) 方法的参数 SQLiteDatabase 是一个数据库对象，即对应一个数据库文件。SQLiteOpenHelper 提供了两个实例方法获取 SQLiteDatabase 对象：getReadableDatabase( ) 方法，返回以只读方式打开数据库的对象，一般在表查询的时候使用；getWritableDatabase( ) 方法，返回以写入方法打开数据库的对象，一般用于表的增删改操作。

SQLiteDatabase 类提供了表的增删改查、执行 SQL 语句等常用方法，见表 6-5。

表 6-5 SQLiteDatabase 常用方法

方法描述	方法定义
增加记录	insert(String table,String nullColumn,ContentValues values)
删除记录	delete(String table,String whereClause,String[ ] whereArgs)
修改记录	update(String table,ContentValues values,String whereClause,String[ ] whereArgs)
查询记录	query(String table,String[ ] columns,String selection,String[ ] selectionArgs,String groupBy,String having,String orderBy)
执行 SQL 语句	execSQL(String sql)
关闭数据库	close( )

3. SQLite 数据库操作

创建数据库的自定义类完成之后，接下来详细讲解数据库表的增删改查操作。以 onCreate( ) 方法创建的 t_student 表为例，讲解如何进行表的基本操作。首先创建 StudentDao 类，创建 DBHelper 类对象，通过构造函数引入 Context 上下文对象，示例代码如下：

```java
public class StudentDao{
    private DBHelper dbHelper;
    public StudentDao(Context context){
        dbHelper = new DBHelper(context);
    }
}
```

（1）添加数据

使用 insert( ) 方法向指定表中插入一行数据。

语法格式：insert(String table,String nullColumnHack,ContentValues initialValues);

语法说明：insert( ) 方法有 3 个参数，第一个参数是表名；第二个参数用来在未指定数据的情况下，可以为空的列自动赋值 NULL 值，一般传入 null 即可；第三个参数是 ContentValues 对象。

使用 SQLiteDatabase 对象的 insert( ) 方法向 t_student 表中增加一行数据，示例代码如下：

```java
public void insert(String name,String classmate,int age){
    //打开数据库
    SQLiteDatabase db = dbHelper.getWritableDatabase();
    //封装数据
    ContentValues values = new ContentValues();
    values.put("name",name);
    values.put("classmate",classmate);
    values.put("age",age);
    //执行语句
    db.insert("t_student",null,values);
    //关闭数据库
    db.close();
}
```

在上述代码中，通过 getWritableDatabase( ) 方法获得 SQLiteDatabase 对象，将 t_student 表需要的数据添加到 ContentValues 对象中，ContentValues 类与 Map 结构类似，以键值对的方式存储数据，它的 put( ) 方法用于添加数据，第一个参数是表的字段名，第二个参数是数据；最后调用 insert( ) 方法将组装的数据添加到 t_student 表中。

（2）删除数据

使用 delete( ) 方法删除表中指定的数据。

语法格式：public int delete(String table,String whereClause,String[ ] whereArgs);

语法说明：delete( ) 方法有 3 个参数，第一个参数是要删除的表名；第二个参数对应 SQL 语句的 where 部分，表示删除所有_id 为？的行。？是一个占位符，它的值由第三个参数提供的字符串数组按问号的顺序指定，如果不指定，则默认删除所有行。示例代码如下：

```java
public void delete(int _id){
    SQLiteDatabase db = dbHelper.getWritableDatabase();
    db.delete("t_student","_id = ?",new String[]{String.valueOf(_id)});
    db.close();
}
```

使用SQL语句删除数据的代码如下：

```
String sql = "delete from t_student where _id = ?";
db.execSQL(sql,new String[]{String.valueOf(_id)});
```

（3）更新数据

使用update()方法更新表中指定的数据。

语法格式：public int update(String table,ContentValues values,String whereClause,String[] whereArgs);

语法说明：update()方法有4个参数，第一个参数是表名；第二个参数是ContentValues对象；第三、四个参数是用于更新的条件和数据，如果不指定，则默认更新所有行。示例代码如下：

```
public void update(String name,String classmate,int age){
    //打开数据库
    SQLiteDatabase db = dbHelper.getWritableDatabase();
    //封装数据
    ContentValues values = new ContentValues();
    values.put("name",name);
    values.put("classmate",classmate);
    values.put("age",age);
    //执行语句
    db.update("t_student",values,"_id = ?",new String[]{"1"});
    //关闭数据库
    db.close();
}
```

使用SQL语句更新数据的代码如下：

```
String sql = "update t_student set name = ?,classmate = ?,age = ? where _id = ?";
db.execSQL(sql,new String[]{t_student.getName(),t_student.getClassmate(),String.valueOf(t_student.getAge()),String.valueOf(t_student.get_id())});
```

（4）查询数据

查询数据是数据库增删改查操作中最复杂的操作，SQLiteDatabase类提供query()方法实现数据查询功能，这个方法返回描述数据集合的游标对象Cursor，查询到的数据都是从这个对象获取的。具体描述见表6-6。

表6-6 query()常用参数的含义

参数	含义	对应的SQL语句
table	查询的数据表	from 表名
columns	需要查询的字段，也是列名	select 列名1，列名2
selection	查询的子条件，相当于select的where部分，可使用占位符	where 列名 = 值

续表

参数	含义	对应的 SQL 语句
selectionArges	对应 selection 的占位符值	—
groupBy	指定需要 group by 的列	group by 列名
having	指定需要 having 的列	having 列名
orderBy	指定需要 order by 的列	order by 列名

使用 query() 方法查询数据，示例代码如下：

```
1.   public void select(int _id){
2.       //打开数据库
3.       SQLiteDatabase db = dbHelper.getWritableDatabase();
4.       //查询数据
5.       Cursor cursor = db.query("t_studeng",null,"_id =?",new String[]
{String.valueOf(_id)},null,null,null);
6.       //获取查询结果
7.       if(cursor.moveToNext()){
8.           String name = cursor.getString(cursor.getColumnIndex("name"));
9.           String classmate = cursor.getString(cursor.getColumnIndex("classmate"));
10.          int age = cursor.getInt(cursor.getColumnIndex("age"));
11.      }
12.      //关闭数据库
13.      cursor.close();
14.      db.close();
15.  }
```

在上述代码中，第 6～11 行通过 Cursor 对象将数据库的查询结果转为 Java 变量的值。Cursor 对象的 moveToNext() 方法实现移动游标指向下一条记录，moveToFirst() 方法实现将游标指向第一条记录，getColumnIndex() 方法实现获取某一列在表中对应的位置索引，然后调用 getXxx() 方法获取该列的数据，其中，Xxx 表示数据类型，如 getString() 获取字符串、getInt() 获取整型值，依此类推。查询也可以直接使用 SQL 语句完成，代码如下：

```
Cursor cursor = db.rawQuery("select * from t_student where id =?",new String[]
{String.valueOf(_id)});
```

注意：execSQL() 方法只能执行 insert、delete 和 update 之类的 SQL 语句，select 语句需要用 rawQuery() 方法执行。

任务实施

步骤一：主界面布局文件 activity_main.xml 代码。

```
<?xml version = "1.0" encoding = "utf-8"?>
<androidx.constraintlayout.widget.ConstraintLayout
xmlns:android = "http://schemas.android.com/apk/res/android"
```

```xml
    xmlns:app = "http://schemas.android.com/apk/res-auto"
    xmlns:tools = "http://schemas.android.com/tools"
    android:layout_width = "match_parent"
    android:layout_height = "match_parent"
    tools:context = ".activity.MainActivity" >

    <androidx.recyclerview.widget.RecyclerView
        android:id = "@+id/rv_students"
        android:layout_width = "match_parent"
        android:layout_height = "0dp"
        android:layout_margin = "8dp"
        app:layout_constraintBottom_toTopOf = "@+id/btn_add"
        app:layout_constraintHorizontal_bias = "0.5"
        app:layout_constraintLeft_toLeftOf = "parent"
        app:layout_constraintRight_toRightOf = "parent"
        app:layout_constraintTop_toTopOf = "parent" />

    <Button
        android:id = "@+id/btn_add"
        android:layout_width = "0dp"
        android:layout_height = "wrap_content"
        android:layout_marginBottom = "4dp"
        android:text = "添加"
        android:textSize = "20sp"
        app:layout_constraintBottom_toBottomOf = "parent"
        app:layout_constraintEnd_toStartOf = "@+id/btn_update"
        app:layout_constraintHorizontal_bias = "0.5"
        app:layout_constraintStart_toStartOf = "parent"
        app:layout_constraintTop_toBottomOf = "@+id/rv_students" />

    <Button
        android:id = "@+id/btn_update"
        android:layout_width = "0dp"
        android:layout_height = "wrap_content"
        android:layout_marginBottom = "4dp"
        android:text = "修改"
        android:textSize = "20sp"
        app:layout_constraintBottom_toBottomOf = "parent"
        app:layout_constraintEnd_toStartOf = "@+id/btn_delete"
        app:layout_constraintHorizontal_bias = "0.5"
        app:layout_constraintStart_toEndOf = "@+id/btn_add"
        app:layout_constraintTop_toBottomOf = "@+id/rv_students"
        app:layout_constraintVertical_bias = "1.0" />

    <Button
        android:id = "@+id/btn_delete"
        android:layout_width = "0dp"
        android:layout_height = "wrap_content"
        android:layout_marginBottom = "4dp"
        android:text = "删除"
```

```xml
        android:textSize="20sp"
        app:layout_constraintBottom_toBottomOf="parent"
        app:layout_constraintEnd_toEndOf="parent"
        app:layout_constraintHorizontal_bias="0.5"
        app:layout_constraintStart_toEndOf="@+id/btn_update"
        app:layout_constraintTop_toBottomOf="@+id/rv_students"
        app:layout_constraintVertical_bias="1.0" />
</androidx.constraintlayout.widget.ConstraintLayout>
```

步骤二：增加界面布局文件 activity_insert.xml 代码。

```xml
<?xml version="1.0" encoding="utf-8"?>
<LinearLayout xmlns:android="http://schemas.android.com/apk/res/android"
    xmlns:tools="http://schemas.android.com/tools"
    android:layout_width="match_parent"
    android:layout_height="match_parent"
    android:orientation="vertical"
    tools:context=".activity.InsertActivity">

    <LinearLayout
        android:layout_width="match_parent"
        android:layout_height="wrap_content"
        android:layout_margin="8dp"
        android:orientation="horizontal">

        <TextView
            android:layout_width="wrap_content"
            android:layout_height="wrap_content"
            android:layout_marginEnd="16dp"
            android:text="姓名"
            android:textSize="20sp" />

        <EditText
            android:id="@+id/et_name"
            android:layout_width="0dp"
            android:layout_height="wrap_content"
            android:layout_weight="1"
            android:textSize="20sp" />
    </LinearLayout>

    <LinearLayout
        android:layout_width="match_parent"
        android:layout_height="wrap_content"
        android:layout_margin="8dp"
        android:orientation="horizontal">

        <TextView
            android:layout_width="wrap_content"
            android:layout_height="wrap_content"
```

```xml
        android:text = "班级"
        android:layout_marginEnd = "16dp"
        android:textSize = "20sp" />

    <Spinner
        android:id = "@+id/sp_classmate"
        android:layout_width = "0dp"
        android:layout_height = "wrap_content"
        android:layout_weight = "1"
        android:entries = "@array/student_arr"
        android:spinnerMode = "dropdown"
        android:textSize = "20sp" />
</LinearLayout>

<LinearLayout
    android:layout_width = "match_parent"
    android:layout_height = "wrap_content"
    android:layout_margin = "8dp"
    android:orientation = "horizontal" >

    <TextView
        android:layout_width = "wrap_content"
        android:layout_height = "wrap_content"
        android:layout_marginEnd = "16dp"
        android:text = "年龄"
        android:textSize = "20sp" />

    <EditText
        android:id = "@+id/et_age"
        android:layout_width = "0dp"
        android:layout_height = "wrap_content"
        android:layout_weight = "1"
        android:inputType = "number"
        android:textSize = "20sp" />
</LinearLayout>

<LinearLayout
    android:layout_width = "match_parent"
    android:layout_height = "wrap_content"
    android:layout_margin = "16dp"
    android:orientation = "horizontal" >

    <Button
        android:id = "@+id/btn_confirm"
        android:layout_width = "0dp"
        android:layout_height = "wrap_content"
        android:layout_weight = "1"
        android:text = "确 定"
        android:textSize = "20sp" />
```

项目六　数据存储和数据共享

```xml
        <Button
            android:id="@+id/btn_cancel"
            android:layout_width="0dp"
            android:layout_height="wrap_content"
            android:layout_weight="1"
            android:text="取消"
            android:textSize="20sp" />
    </LinearLayout>
</LinearLayout>
```

步骤三：选中界面布局文件 item_student.xml 代码。

```xml
<?xml version="1.0" encoding="utf-8"?>
<LinearLayout xmlns:android="http://schemas.android.com/apk/res/android"
    android:layout_width="match_parent"
    android:layout_height="wrap_content"
    android:background="@drawable/item_selector"
    android:clickable="true"
    android:focusable="true"
    android:orientation="horizontal" >

    <TextView
        android:id="@+id/tv_name"
        android:layout_width="wrap_content"
        android:layout_height="wrap_content"
        android:layout_margin="10dp"
        android:hint="姓名"
        android:textSize="20sp" />

    <TextView
        android:id="@+id/tv_classmate"
        android:layout_width="wrap_content"
        android:layout_height="wrap_content"
        android:layout_margin="10dp"
        android:hint="班级"
        android:textSize="20sp" />

    <TextView
        android:id="@+id/tv_age"
        android:layout_width="wrap_content"
        android:layout_height="wrap_content"
        android:layout_margin="10dp"
        android:hint="年龄"
        android:textSize="20sp" />
</LinearLayout>
```

步骤四：学生班级列表 strings.xml 代码。

```xml
<resources>
    <string name="app_name">SQLite</string>

    <string-array name="student_arr">
        <item>软件G22-1</item>
        <item>软件G22-2</item>
        <item>软件G22-3</item>
        <item>软件G22-4</item>
    </string-array>
</resources>
```

步骤五：界面样式文件 styles.xml 代码。

```xml
<resources>
    <!-- Base application theme. -->
    <style name="AppTheme" parent="Theme.AppCompat.Light.DarkActionBar">
        <!-- Customize your theme here. -->
        <item name="colorPrimary">@color/colorPrimary</item>
        <item name="colorPrimaryDark">@color/colorPrimaryDark</item>
        <item name="colorAccent">@color/colorAccent</item>
    </style>
</resources>
```

步骤六：图片文件 item_selector.xml 代码。

```xml
<?xml version="1.0" encoding="utf-8"?>
<selector xmlns:android="http://schemas.android.com/apk/res/android">
    <item android:drawable="@android:color/holo_orange_light" android:state_selected="true" />
    <item android:drawable="@android:color/holo_orange_light" android:state_focused="true" />
    <item android:drawable="@android:color/white" />
</selector>
```

步骤七：实现 DBHelper 数据库工具类代码。

在 util 包中创建 DBHelper 类继承 SQLiteOpenHelper 类，重写 onCreate() 和 onUpgrade() 方法，分别创建和升级数据库表 t_student。

```java
package com.example.sqlite.utils;

import android.content.Context;
import android.database.sqlite.SQLiteDatabase;
import android.database.sqlite.SQLiteOpenHelper;
import androidx.annotation.Nullable;

public class DBHelper extends SQLiteOpenHelper {
    //创建表的sql字符串
    private final static String CREATE_TABLE_STUDENT = "create table t_student(" +
```

```
            "_id integer primary key autoincrement, " +
            "name varchar(20), classmate varchar(30), age integer)";
    //删除表的sql字符串
    private final static String DROP_TABLE_STUDENT = "drop table if exists t_student";
    //构造方法
    public DBHelper(@Nullable Context context) {
        super(context, "student.db", null, 1);
    }
    //数据库第一次被创建时自动调用
    @Override
    public void onCreate(SQLiteDatabase db) {
        db.execSQL(DBHelper.CREATE_TABLE_STUDENT);
    }
    //当数据库版本号增加时被自动调用
    @Override
    public void onUpgrade(SQLiteDatabase db, int oldVersion, int newVersion) {
        db.execSQL(DBHelper.DROP_TABLE_STUDENT);
        onCreate(db);
    }
}
```

步骤八：实现 Student 实体类代码。

根据 t_student 表的字段结构，在 entity 包中创建 Student 类实现 Serializable 接口，这个类包含 _id、name、classmate 和 age 4 个属性，创建相应的 getter/setter 方法，再创建无参的构造函数和包含 name、classmate 和 age 属性的构造函数。

```
package com.example.sqlite.entity;

import java.io.Serializable;

//实体类,与数据库表字段一一对应
public class Student implements Serializable {
    private int _id;
    private String name;
    private String classmate;
    private int age;
    public Student() {
    }
    public Student(String name, String classmate, int age) {
        this.name = name;
        this.classmate = classmate;
        this.age = age;
    }

    public int get_id() {
        return _id;
    }
```

```java
    public void set_id(int _id) {
        this._id = _id;
    }

    public String getName() {
        return name;
    }

    public void setName(String name) {
        this.name = name;
    }

    public String getClassmate() {
        return classmate;
    }

    public void setClassmate(String classmate) {
        this.classmate = classmate;
    }

    public int getAge() {
        return age;
    }

    public void setAge(int age) {
        this.age = age;
    }
}
```

步骤九：实现 StudentDao 类代码。

在 dao 包中创建 StudentDao 类，创建 insert( )、delete( )、update( )、selectAll( ) 4 个方法实现增删改查功能。insert( ) 和 update( ) 方法的参数是 Student 对象，delete( ) 方法的参数是 Student 对象的 _id 属性。

```java
package com.example.sqlite.dao;

import android.content.ContentValues;
import android.content.Context;
import android.database.Cursor;
import android.database.sqlite.SQLiteDatabase;
import com.example.sqlite.entity.Student;
import com.example.sqlite.utils.DBHelper;
import java.util.ArrayList;
import java.util.List;

public class StudentDao {
    private DBHelper dbHelper;
    public StudentDao(Context context) {
```

```java
        dbHelper = new DBHelper(context);
    }
    //插入一条数据
    public void insert(String name, String classmate, int age) {
        //打开数据库
        SQLiteDatabase db = dbHelper.getWritableDatabase();
        //第1种写法
        //封装数据
        ContentValues values = new ContentValues();
        values.put("name", name);
        values.put("classmate", classmate);
        values.put("age", age);
        //执行语句
        db.insert("t_student", null, values);

        //第2种写法
        //String sql = "insert into t_student(name, classmate, age) values(?,?,?)";
        //db.execSQL(sql, new String[]{name, classmate, String.valueOf(age)});

        //关闭数据库
        db.close();
    }

    //更新数据
    public void update(String name, String classmate, int age) {
        //1.打开数据库
        SQLiteDatabase db = dbHelper.getWritableDatabase();

        //2.封装数据
        ContentValues values = new ContentValues();
        values.put("name", name);
        values.put("classmate", classmate);
        values.put("age", age);
        //3.执行语句
        db.update("t_student", values, "_id=?", new String[]{"1"});

        //String sql = "update student set name=?, classmate=?, age=? where _id=?";
        //db.execSQL(sql, new String[]{student.getName(), student.getClassmate(),
        //String.valueOf(student.getAge()), String.valueOf(student.get_id())});
        //4.关闭数据库
        db.close();
    }

    //删除一条数据
    public void delete(int _id) {
        SQLiteDatabase db = dbHelper.getWritableDatabase();
        db.delete("t_student", "_id=?", new String[]{String.valueOf(_id)});
```

```java
    //String sql = "delete from student where _id=?";
    //db.execSQL(sql, new String[]{String.valueOf(_id)});
    db.close();
}

//查询所有数据
public List<Student> selectAll() {
    List<Student> students = new ArrayList<>();

    //1.打开数据库
    SQLiteDatabase db = dbHelper.getReadableDatabase();

    //select ... from table where ... grougby ... having ... order by ...
    //2.查询
    Cursor cursor = db.query("t_student", null, null, null, null, null, null);

    //3.将查询结果转为List
    while (cursor.moveToNext()) {
        Student student = new Student(cursor.getString(cursor.getColumnIndex("name")),
                cursor.getString(cursor.getColumnIndex("classmate")),
                cursor.getInt(cursor.getColumnIndex("age")));
        student.set_id(cursor.getInt(cursor.getColumnIndex("_id")));

        students.add(student);
    }
    //4.关闭数据库
    cursor.close();
    db.close();
    //5.返回结果
    return students;
}

//查询一条数据
public Student select(int _id) {
    Student student = null;

    //1.打开数据库
    SQLiteDatabase db = dbHelper.getReadableDatabase();

    //select ... from table where ... grougby ... having ... order by ...
    //2.查询
    Cursor cursor = db.query("t_student", null, "_id=?",
        new String[]{String.valueOf(_id)}, null, null, null);

    //Cursor cursor = db.rawQuery("select * from t_student where _id=?",
    //    new String[]{String.valueOf(_id)});

    //3.获取查询结果
```

```java
        if (cursor.moveToNext()) {
            student = new Student(cursor.getString(cursor.getColumnIndex("name")),
                cursor.getString(cursor.getColumnIndex("classmate")),
                cursor.getInt(cursor.getColumnIndex("age")));
        }
        //4.关闭数据库
        cursor.close();
        db.close();
        return student;
    }

    public void insert(Student student) {
        SQLiteDatabase db = dbHelper.getWritableDatabase();
        ContentValues values = new ContentValues();
        values.put("name", student.getName());
        values.put("classmate", student.getClassmate());
        values.put("age", student.getAge());
        db.insert("t_student", null, values);
        db.close();
    }

    public void update(Student student) {
        SQLiteDatabase db = dbHelper.getWritableDatabase();
        ContentValues values = new ContentValues();
        values.put("name", student.getName());
        values.put("classmate", student.getClassmate());
        values.put("age", student.getAge());
        db.update("t_student", values, "_id =?", new String[]{String.valueOf(student.get_id())});
        db.close();
    }
}
```

步骤十：实现 StudentAdapter 适配器类代码。

创建 RecyclerView 的适配器类 StudentAdapter 继承 RecyclerView.Adapter 类，重写 onCreateViewHolder( )、onBindViewHolder( )和 getItemCount( )方法。通过构造函数获取数据库表的数据集合和 Context 对象，在 onCreateViewHolder( )方法中注册 item_student 布局获取 View 对象，设置 item 监听器，构造自定义的 ViewHolder 对象，并设置显示其内容的视图。调用 onBindViewHolder( )绑定相应的数据。创建内部类 MyViewHolder 继承 RecyclerView.ViewHolder 类完成 item 的布局控件的初始化。

创建 item 点击事件监听的接口，在其中声明 onItemClick( )回调方法用于响应每条数据的点击事件。

```java
package com.example.sqlite.adapter;

import android.view.LayoutInflater;
```

```java
import android.view.View;
import android.view.ViewGroup;
import android.widget.TextView;
import androidx.annotation.NonNull;
import androidx.recyclerview.widget.RecyclerView;
import com.example.sqlite.R;
import com.example.sqlite.entity.Student;
import java.util.List;

public class StudentAdapter extends RecyclerView.Adapter<StudentAdapter.ViewHolder> {
    private List<Student> datas;

    public StudentAdapter(List<Student> datas) {
        this.datas = datas;
    }

    @NonNull
    @Override
    public ViewHolder onCreateViewHolder(@NonNull ViewGroup parent, int viewType) {
        View view = LayoutInflater.from(parent.getContext())
                .inflate(R.layout.item_student, parent, false);
        ViewHolder viewHolder = new ViewHolder(view);
        //设置view的onClick事件监听
        view.setOnClickListener(new View.OnClickListener() {
            @Override
            public void onClick(View view) {
                //触发回调接口对象的点击事件
                //通过view的setTag/getTag()方法传递item的position位置
                if (mOnItemClickListener != null) {
                    mOnItemClickListener.onItemClick(view, (int) view.getTag());
                }
            }
        });
        return viewHolder;
    }

    @Override
    public void onBindViewHolder(ViewHolder holder, int position) {
        Student student = datas.get(position);
        holder.nameItem.setText(student.getName());
        holder.classmateItem.setText(student.getClassmate());
        holder.ageItem.setText(String.valueOf(student.getAge()));
        holder.itemView.setTag(position);

        //设置item的选中与否状态
        holder.itemView.setSelected(selectedIndex == position);
    }
```

项目六　数据存储和数据共享

```java
//定义item单击的回调接口
public interface OnItemClickListener {
    void onItemClick(View view, int position);
}

//定义回调接口的对象及set方法
private OnItemClickListener mOnItemClickListener = null;

public void setOnItemClickListener(OnItemClickListener onItemClickListener) {
    mOnItemClickListener = onItemClickListener;
}

@Override
public int getItemCount() {
    return datas.size();
}

//ViewHolder类
public static class ViewHolder extends RecyclerView.ViewHolder {
    TextView nameItem;
    TextView classmateItem;
    TextView ageItem;

    public ViewHolder(View itemView) {
        super(itemView);
        nameItem = itemView.findViewById(R.id.tv_name);
        classmateItem = itemView.findViewById(R.id.tv_classmate);
        ageItem = itemView.findViewById(R.id.tv_age);
    }
}

//记录当前选中的条目索引
private int selectedIndex;

public void setSelectedIndex(int position) {
    this.selectedIndex = position;
    notifyDataSetChanged();
}
}
```

步骤十一：实现 MainActivity 类代码。

MainActivity 类实现 onClickListener 接口，重写 onCreate()方法，在 onCreate()方法中完成数据初始化和控件对象初始化功能。在 initView()方法中编写按钮的事件监听设置、RecyclerView 的适配器创建和 ItemClick 的事件监听。

```java
package com.example.sqlite.activity;

import androidx.appcompat.app.AlertDialog;
```

```java
import androidx.appcompat.app.AppCompatActivity;
import androidx.recyclerview.widget.DefaultItemAnimator;
import androidx.recyclerview.widget.LinearLayoutManager;
import androidx.recyclerview.widget.RecyclerView;
import android.content.DialogInterface;
import android.content.Intent;
import android.os.Bundle;
import android.view.View;
import android.widget.Button;
import android.widget.Toast;
import com.example.sqlite.R;
import com.example.sqlite.adapter.StudentAdapter;
import com.example.sqlite.dao.StudentDao;
import com.example.sqlite.entity.Student;
import java.util.List;

public class MainActivity extends AppCompatActivity
        implements View.OnClickListener {
    private List<Student> datas;
    private StudentDao dao;
    private Student currentStudent;
    private StudentAdapter adapter;

    @Override
    protected void onCreate(Bundle savedInstanceState) {
        super.onCreate(savedInstanceState);
        setContentView(R.layout.activity_main);
        //获取数据库的数据
        dao = new StudentDao(this);
        datas = dao.selectAll();
        //初始化控件
        initView();
    }
    private void initView() {
        //初始化控件
        Button btnAdd = findViewById(R.id.btn_add);
        Button btnUpdate = findViewById(R.id.btn_update);
        Button btnDelete = findViewById(R.id.btn_delete);
        //设置按钮监听器
        btnAdd.setOnClickListener(this);
        btnUpdate.setOnClickListener(this);
        btnDelete.setOnClickListener(this);
        //RecyclerView控件的初始化、设置布局管理器和动画
        RecyclerView recyclerView = findViewById(R.id.rv_students);
        recyclerView.setLayoutManager(new LinearLayoutManager(this));
        recyclerView.setItemAnimator(new DefaultItemAnimator());
        //设置RecyclerView控件的Adapter
        adapter = new StudentAdapter(datas);
        recyclerView.setAdapter(adapter);
        //adapter添加item的点击事件的监听
```

```java
        adapter.setOnItemClickListener(new StudentAdapter.OnItemClickListener() {
            @Override
            public void onItemClick(View view, int position) {
                adapter.setSelectedIndex(position);
                currentStudent = datas.get(position);
                Toast.makeText(MainActivity.this, "第" + (position + 1) + "条",
                    Toast.LENGTH_SHORT).show();
            }
        });
    }
    @Override
    public void onClick(View v) {
        Intent intent = new Intent(this, InsertActivity.class);
        switch (v.getId()) {
            case R.id.btn_add:
                startActivityForResult(intent, 100);
                break;
            case R.id.btn_update:
                //将选中的 student 传递给 InsertActivity
                Bundle bundle = new Bundle();
                bundle.putSerializable("student", currentStudent); //Student 类需序列化
                intent.putExtra("flag", 1);
                intent.putExtras(bundle);
                startActivityForResult(intent, 101);
                break;
            case R.id.btn_delete:
                new AlertDialog.Builder(this).setTitle("删除").setMessage("确认删除?")
                    .setPositiveButton("确定",
                        new DialogInterface.OnClickListener() {
                            @Override
                            public void onClick(DialogInterface dialog, int which) {
                                //删除数据
                                dao.delete(currentStudent.get_id());
                                dialog.dismiss();
                                //刷新 RecyclerView列表
                                changeData();
                                adapter.notifyDataSetChanged();
                            }
                        })
                    .setNegativeButton("取消",
                        new DialogInterface.OnClickListener() {
                            @Override
                            public void onClick(DialogInterface dialog, int which) {
                                dialog.dismiss();
                            }
                        }).show();
                break;
        }
    }
```

```java
    @Override
    protected void onActivityResult ( int requestCode, int resultCode, Intent data) {
        super.onActivityResult(requestCode, resultCode, data);
        if ((requestCode == 100 || requestCode == 101) && resultCode == RESULT_OK) {
            //通过改变adapter刷新RecyclerView列表
            changeData();
            adapter.notifyDataSetChanged();
        }
    }
    //重新装载数据
    private void changeData() {
        datas.clear();
        datas.addAll(dao.selectAll());
    }
}
```

步骤十二：实现 InsertActivity 类代码。

InsertActivity 用于添加和更新数据。InsertActivity 通过 Bundler 对象从 MainActivity 获取需要更新的数据，当数据添加或修改完成后，调用 setResult( ) 方法返回 MainActivity，实现更新数据。

```java
package com.example.sqlite.activity;
import androidx.annotation.Nullable;
import androidx.appcompat.app.AppCompatActivity;
import android.content.Intent;
import android.os.Bundle;
import android.view.View;
import android.widget.Button;
import android.widget.EditText;
import android.widget.Spinner;
import android.widget.SpinnerAdapter;
import com.example.sqlite.R;
import com.example.sqlite.dao.StudentDao;
import com.example.sqlite.entity.Student;
public class InsertActivity extends AppCompatActivity
        implements View.OnClickListener {
    private EditText etName;
    private EditText etAge;
    private Spinner spClassmate;
    private StudentDao studentDao = new StudentDao(this);
    private Student currentStudent;
    private boolean isUpdate = false; //添加或更新的标识符
    @Override
    protected void onCreate(@Nullable Bundle savedInstanceState) {
        super.onCreate(savedInstanceState);
        setContentView(R.layout.activity_insert);
```

```java
        //初始化控件对象
        initView();
        //判断是否有数据需要加载
        Intent intent = getIntent();
        Bundle bundle = intent.getExtras();
        if(bundle ! = null){
            currentStudent = (Student) bundle.get("student");
        }
        //控件加载数据
        if(currentStudent ! = null){
            isUpdate = true;
            etName.setText(currentStudent.getName());
            etAge.setText(String.valueOf(currentStudent.getAge()));

            //设置Spinner值
            SpinnerAdapter spinnerAdapter = spClassmate.getAdapter();
            for(int i = 0; i < spinnerAdapter.getCount(); i + +){
                if(spinnerAdapter.getItem(i).toString()
                        .equals(currentStudent.getClassmate())){
                    spClassmate.setSelection(i);
                    break;
                }
            }
        }
    }
    private void initView(){
        etName = findViewById(R.id.et_name);
        spClassmate = findViewById(R.id.sp_classmate);
        etAge = findViewById(R.id.et_age);

        Button btnConfirm = findViewById(R.id.btn_confirm);
        Button btnCancel = findViewById(R.id.btn_cancel);
        btnConfirm.setOnClickListener(this);
        btnCancel.setOnClickListener(this);
    }
    @Override
    public void onClick(View view){
        switch (view.getId()){
            case R.id.btn_confirm:
                //将输入的数据封装成student对象
                Student student = new Student(etName.getText().toString(),
                        spClassmate.getSelectedItem().toString(),
                        Integer.parseInt(etAge.getText().toString()));
                if(isUpdate){
                    //更新数据
                    student.set_id(currentStudent.get_id());
                    studentDao.update(student);
                } else {
                    //插入数据
```

```
            studentDao.insert(student);
        }
        //返回MainActivity,刷新RecyclerView
        setResult(RESULT_OK, new Intent());
        finish();
        break;
    case R.id.btn_cancel:
        finish();
        break;
    }
  }
}
```

知识巩固

1. 下列选项中，属于 SQLiteOpenHelper 类创建数据库的方法是（　　）。
   A. create( )　　　　　　　　　　　　B. onCreate( )
   C. upgrade( )　　　　　　　　　　　 D. onUpgrade( )
2. （多选题）下列选项中，属于 SQLite 数据库操作方法的是（　　）。
   A. insert( )　　　B. delete( )　　　C. update( )　　　D. query( )

工作任务单

《Android 移动开发项目式教程》工作任务单

工作任务			
小组名称		工作成员	
工作时间		完成总时间	
工作任务描述			
小组分工	姓名		工作任务

项目六　数据存储和数据共享

续表

任务执行结果记录			
序号	工作内容	完成情况	操作员
任务实施过程记录			
验收评定		验收人签字	

学习成果评价

学号		姓名		班级			
评价栏目	任务详情	评价要素	分值	评价主体			
				学生自评	小组互评	教师点评	
任务功能实现	使用 SharedPreferences 实现"记住我"	任务功能是否实现	20				
	使用 XML 解析天气预报	任务功能是否实现	20				
	使用 SQLite 实现学生信息表的增删改查	任务功能是否实现	20				
代码编写规范	数据存储基础知识	数据存储基础知识是否扎实,Android 代码编写是否规范并符合要求	2				
	关键字书写	关键字书写是否正确	1				

续表

学号		姓名		班级			
评价栏目	任务详情		评价要素	分值	评价主体		
					学生自评	小组互评	教师点评
代码编写规范	标点符号使用		是否是英文标点符号	1			
	标识符设计		标识符是否按规定格式设置，并实现见名知意	1			
	代码可读性		代码可读性是否友好	2			
	代码优化程度		代码是否已被优化	1			
	代码执行耗时		执行时间可否接受	1			
操作熟练度	代码编写流程		编写流程是否熟练	4			
	程序运行操作		运行操作是否正确	4			
	调试与完善操作		调试过程是否合规	2			
创新性	代码编写思路		设计思路是否创新	5			
	手机界面显示效果		显示界面是否创新	5			
职业素养	态度		是否认真细致、遵守课堂纪律、学习积极、团队协作	4			
	操作规范		是否编码格式对齐、是否操作规范	3			
	设计理念		是否突显用户中心设计理念	4			
	总分			100			

教学过程评价

亲爱的同学，本项目学习结束了，感谢你始终如一地努力学习和积极配合。为了能使我们不断做出改进，提高教学效果，我们很乐意了解你对本项目学习的真实想法。所搜集的数据我们都将保密并采用不记名的方式。有些问题只需要做出选择，有些问题以几个关键字给出简单的回答即可。

项目名称：	教师姓名：			
上课时间：	很满意	满意	一般	不满意
一、项目教学组织评价				
1. 你对课程教学秩序是否满意	☐	☐	☐	☐
2. 你对实训室的环境卫生状况是否满意	☐	☐	☐	☐
3. 你对课堂整体纪律表现是否满意	☐	☐	☐	☐
4. 你对你们小组的总体表现是否满意	☐	☐	☐	☐
5. 你对这种教学模式是否满意	☐	☐	☐	☐
二、授课教师评价				
教师组织授课通俗易懂、结构清晰	☐	☐	☐	☐
教师能认真指导学生、因材施教	☐	☐	☐	☐
教师非常关注学生的学习效果	☐	☐	☐	☐
理论和实践的比例安排合理	☐	☐	☐	☐
三、授课内容评价				
课程内容是否适合你的水平	☐	☐	☐	☐
授课中使用的各种学习资料和在线资源是否满意	☐	☐	☐	☐

请回答下列问题：

1. 在教学组织方面，哪些还需要进一步改进？

2. 哪些授课内容你比较满意？哪些方面还需要进一步改进？

3. 哪些授课内容你不感兴趣？为什么？

项目七

Android基本组件应用

项目介绍：

  Android 系统中包含很多的组件，其中有四个基本组件在 Android 系统中最为常见，分别是 Activity（活动）、Service（服务）、BroadcastReceiver（广播接收器）和 ContentProvider（内容提供）。Activity 是 Android 程序的呈现层，显示可视化的用户界面，并接收与用户交互所产生的界面事件，更具体来说，在应用程序中看到的每个窗口就是一个 Activity。Service 一般用于没有用户界面，但需要长时间在后台运行的应用，服务通常是在后台执行计算任务，并且可以和外界进行通信的程序。BroadcastReceiver 是用来接收并响应广播消息的组件，主要作用是消息的传递，该消息的传递可以应用程序，也可以在应用之间。ContentProvider 是 Android 系统提供的一种标准的数据共享机制。

知识图谱：

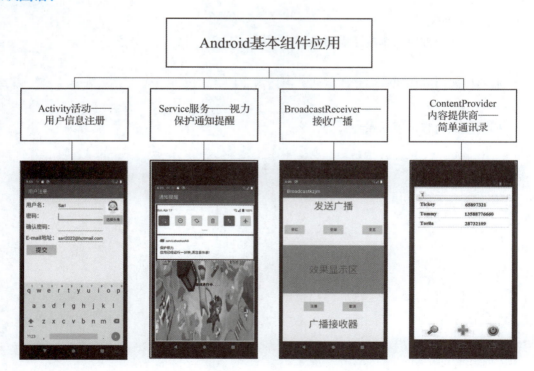

项目七　Android 基本组件应用

学习要求：

1. 素质目标

Android 应用程序由一些有联系的组件组成，通过一个工程 manifest 绑定在一起。每一个组件完成自身功能以及协调作用，构成 Android 应用程序的基石。通过设计开发具有完整功能以及协作模式的 Android 应用程序组件，提升学生自主、全面的软件开发实践技能，培养学生动手实践和分析解决问题的能力，使其具备良好的团队合作精神。

2. 知识目标

掌握 Activity 页面生命周期及回调方法；掌握 Intent 的使用，实现多页面 Activity 进行数据传递；掌握 BroadcastReceiver 广播接收者的创建、自定义广播的发送与接收、有序广播和无序广播的使用；掌握 Service 服务的两种启动方式，以及如何使用本地服务进行通信。

3. 能力目标

在 Android 应用程序中启动 Activity 页面，完成多 Activity 页面数据传递程序的编写；利用 Service 服务在程序中实现后台任务处理，完成一些耗时功能操作；能够在程序中发送并接收自定义广播，并且要会处理接收常见的系统广播。通过 ContentProvider 内容共享型组件为存储和获取数据提供统一接口，在不同的应用程序之间共享数据。

1＋X 证书考点：

工作领域	工作任务	专业技能要求	课程内容
Android 编程	Android 基本组件应用	运用 Android 的核心基本知识、结构、代码规范，实现 Activity 的创建和数据传递	任务 1：完成系统用户信息注册功能 任务 2：Activity 生命周期中主要涉及的几种方法 任务 3：Intent 实现组件之间的通信 任务 4：完成使用广播控制界面显示的功能
		掌握 Service 启动方式，能够创建 Service 实例	任务 1：显示通知信息提醒 任务 2：管理 Service 的生命周期 任务 3：实现简单通讯录的功能

任务 1　Activity 活动——用户信息注册

任务描述

Activity 是 Android 程序的呈现层，显示可视化的用户界面，并接收与用户交互所产生的界面事件，更具体来说，在应用程序中看到的每个窗口就是一个 Activity，负责与用户进行交互，来完成某项任务。下面使用 Activity 应用组件在屏幕上提供的区域，完成用户信息注册交互性的操作功能。

①创建一个 Android 应用程序，完成系统用户信息注册功能。

②在注册页面中可以通过单击"选择头像"按钮，在跳转的新页面选择所需头像后，返

回主界面继续填写用户名、密码、E-mail 地址信息,如图 7-1 所示。

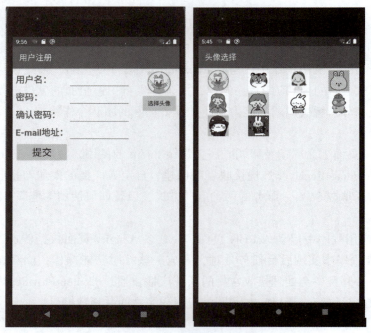

图 7-1 头像选择界面效果图

③必须在将注册信息填写完整且密码一致的情况下才能进行提交,否则,提交功能不能实现,还会调用 Toast 消息进行提示。当提交成功后,跳转到信息确认页面显示填写完全的注册信息,如图 7-2 所示。

图 7-2 用户注册界面效果图

任务分析

开发此应用需要编辑的文件见表 7-1。

表 7-1 用户信息注册程序的文件列表

文件类型		文件名	操作
资源文件	图片资源	res/drawable/img01.png…img10.png	添加
	布局文件	res/layout/activity_main.xml res/layout/head.xml res/layout/register.xml	编辑
界面程序文件		src/…/MainActivity.java src/…/HeadActivity.java src/…/RegisterActivity.java	编辑
程序清单文件		AndroidManifest.xml	编辑

知识要点

1. Activity 的生命周期

Activity 是 Android 最为重要的组件之一，中文的意思是活动，在 Android 程序中，Activity 代表手机屏幕的一屏，或是平板电脑中的一个窗口。Activity 生命周期是从启动到销毁的全过程。在这个过程中，Activity 一般表现为 4 种状态，分别是活动状态、暂停状态、停止状态和非活动状态。

下面就 Activity 生命周期中主要涉及的 7 种方法加以说明介绍。

onCreate()方法：在 Activity 创建时调用，通常做一些初始化设置。
onStart()方法：在 Activity 即将可见时调用。
onResume()方法：在 Activity 获取焦点开始与用户交互时调用。
onPause()方法：在当前 Activity 被其他 Activity 覆盖或锁屏时调用。
onStop()方法：在 Activity 对用户不可见时调用。
onDestroy()方法：在 Activity 销毁时调用。
onRestart()方法：在 Activity 从停止状态再次启动时调用。

2. Activity 之间的跳转

在 Android 系统中，一般应用程序是由多个核心组件构成的，如果用户需要从一个 Activity 切换到另一个 Activity，则必须使用 Intent 来进行切换。实际上，Activity、Service 和 BroadcastReceiver 这 3 个核心组件都需要使用 Intent 进行操作，Intent 用于相同或者不同应用程序组件间的绑定。

3. Intent 实现组件之间的通信

Intent 是一个将要执行的动作的抽象的描述。Android 中提供了 Intent 机制来协助应用间的交互与通信，Intent 负责对应用中一次操作的动作、动作涉及数据、附加数据进行描述，Android 则根据此 Intent 的描述，负责找到对应的组件，将 Intent 传递给调用的组件，并完成组件的调用。Intent 不仅可用于应用程序之间，也可用于应用程序内部的 Activity/Service 之间的交互。因此，Intent 在这里起着一个媒体中介的作用，专门提供组件互相调用的相关信息。

（1）Intent 种类

Intent 分为两种类型。一种为显式 Intent：按名称（完全限定类名）指定要启动的组件。通常，会在自己的应用中使用显式 Intent 来启动组件，这是因为知道要启动的 Activity 或服务的类名。例如，启动新 Activity 以响应用户操作，或者启动服务以在后台下载文件。另一种为隐式 Intent：不会指定特定的组件，而是声明要执行的常规操作，从而允许其他应用中的组件来处理它。例如，如需分享信息或地图定位，则可以使用隐式 Intent，请求另一个具有此功能的应用来完成对应请求。

（2）Intent 属性

Intent 对象大致包括 7 个属性：Action（动作）、Data（数据）、Category（类别）、Type（数据类型）、Component（组件）、Extra（扩展信息）、Flag（标志位）。其中，最常用的是 Action 属性和 Data 属性。

7 个属性总体上可以分为 3 类：

- 启动：Component（显式）、Action（隐式）、Category（隐式）。
- 传值：Data（隐式）、Type（隐式）、Extra（隐式、显式）。
- 启动模式：Flag。

ComponentName：明确指定 Intent 将要启动哪个组件，因此这种 Intent 被称为显式 Intent，没有指定 ComponentName 属性的 Intent 被称为隐式 Intent。隐式 Intent 没有明确要启动哪个组件，应用会根据 Intent 指定的规则去启动符合条件的组件。ComponentName 不仅可以启动本程序中的 activity，还可以启动其他程序的 activity。

Action：用来表现意图的行动。一个字符串变量，可以用来指定 Intent 要执行的动作类别，见表 7-2。

表 7-2 Activity Actions

类型	作用
ACTION_MAIN	表示程序入口
ACTION_VIEW	自动以最合适的方式显示 Data
ACTION_EDIT	提供可以编辑的数据
ACTION_PICK	选择一条 Data，并且返回它
ACTION_DAIL	显示 Data 指向的号码在拨号界面 Dailer 上
ACTION_CALL	拨打 Data 指向的号码

续表

类型	作用
ACTION_SEND	发送 Data 到指定的地方
ACTION_SENDTO	发送多组 Data 到指定的地方
ACTION_RUN	运行 Data，不管 Data 是什么
ACTION_SEARCH	执行搜索
ACTION_WEB_SEARCH	执行网上搜索
ACRION_SYNC	执行同步一个 Data
ACTION_INSERT	添加一个空的项到容器中

Data：表示动作要操纵的数据。一个 URI 对象是一个引用的 data 的表现形式，或是 data 的 MIME 类型；data 的类型由 Intent 的 action 决定。通过设置 data，可以执行打电话、发短信、打开网页等操作。究竟做哪种操作，要看数据格式。

Category：用来表现动作的类别。一个包含 Intent 额外信息的字符串，表示由哪种类型的组件来处理这个 Intent。任何数量的 Category 描述都可以添加到 Intent 中，但是实际上很多 Intent 不需要 Category。

Type：指定数据类型。一般 Intent 的数据类型能够根据数据本身进行判定，但是通过设置这个属性，可以强制采用显式指定的类型而不再进行推导。

Extra：扩展信息。Extra 属性通常用于在多个 Action 之间进行数据交换。Intent 可以携带额外的 key – value 数据，可以通过调用 putExtra( )方法设置数据，每一个 key 对应一个 value 数据。也可以通过创建 Bundle 对象来存储所有数据，然后通过调用 putExtras( )方法来设置数据。

Flag：期望这个意图的运行模式。用来指示系统如何启动一个 Activity，可以通过 setFlags( )或者 addFlags( )把标签 flag 用在 Intent 中。

4. 在 Activity 之间传递数据

在进行 Activity 跳转时，Intent 是可以携带数据的，可以利用它将数据传递给其他 Activity。Intent 应该是系统提供的支持类型最广、功能最全面的传递方式。基本数据类型、复杂数据类型（如数组、集合）、自定义数据类型等都能支持，而且使用起来也不复杂。

其中，传递数据 Intent 提供了 putExtra 和对应的 getExtra 方法来实现。putExtra 和 getExtra 其实是和 Bundle 的 put 和 get 方法一一对应的。在 Intent 类中有一个 Bundle 的 mExtras 成员变量。所有的 putExtra 和 getExtra 方式实际上是调用 mExtras 对象的 put 和 get 方法进行存取。所以，正常情况下，四大组件间传递数据直接通过 putExtra 和 getExtra 方法存取即可，无须再创建一个 bundle 对象。

由于需要传递不同类型的数据，因此，Android 系统提供了多个重载的 putExtra( )方法。

重载的 putExtra() 方法都包含了两个参数，参数 name 表示传递的数据名称，参数 value 表示传递的数据信息。通过 putExtra() 方法将传递的数据存储在 Intent 对象后，如果想要获取该数据，可以通过 getXxxExtra() 方法来实现。

（1）使用 Bundle 类传递数据

Bundle 类与 Map 接口比较类似，都是通过键值对的形式来保存数据，通过 putExtra() 方法将数据封装到 Intent 对象中，再传递到其他页面。可以常用的快递为例，来形象地描述 Bundle 传递数据：把 Intent 理解为一个快递员，把 Bundle 理解为一个箱子。传递数据的过程是把数据写好装到 Bundle 这个箱子里面去，把这个箱子交给快递员 Intent。接收数据的过程是 getIntent 这个 Intent 快递员接收到了发送来的 Bundle 箱子，再把这个箱子打开，取出数据就可以了。

（2）Activity 之间的数据回传

在开发的时候，经常需要用到数据回传。比如有这样一个需求：单击一个充值按钮跳转到第二个界面进行充值，然后要把结果返回给第一个界面。这里需要用到 startActivityForResult() 这个方法，同样是使用 Intent 来进行的。

startActivityForResult()：MainActivity 开启 SecondActivity 后，当 SecondActivity 销毁时，会向 MainActivity 回传数据，并回调 MainActivity 的 onActivityResult() 方法来获取回传数据。onActivityResult() 方法有三个参数，第一个参数 requestCode 表示在启动 Activity 时传递的请求码；第二个参数 resultCode 表示在返回数据时传入结果码；第三个参数 data 表示携带返回数据的 Intent。

需要注意的是，在一个 Activity 中很可能调用 startActivityForResult() 方法启动多个 Activity，每一个 Activity 返回的数据都会回调到 onActivityResult() 这个方法中，因此，首先要做的就是通过检查 requestCode 的值来判断数据来源，确定数据是从 SecondActivity 返回的，然后再通过 resultCode 的值来判断数据处理结果是否成功，最后从 data 中取出数据，这样就完成了 Activity 中数据返回的功能。

finish()：关闭当前的 Activity。如果当前的 Activity 不是主活动，那么执行 finish() 方法后，将返回到调用它的那个 Activity；否则，将返回到主屏幕中。

finishActivity（int requestCode）：结束以 startActivityForResult（Intent intent, int requestCode）方法启动的 Activity。startActivityForResult() 方法接收两个参数，第一个参数是 Intent，第二个参数是请求码，用于判断数据的来源。

任务实施

步骤一：布局文件 activity_main.xml 的实现。

```xml
<?xml version = "1.0" encoding = "utf-8"? >
<LinearLayout xmlns:android = "http://schemas.android.com/apk/res/android"
    android:layout_width = "fill_parent"
    android:layout_height = "fill_parent"
```

```xml
    android:orientation = "horizontal"
    android:paddingTop = "20px" >

    <LinearLayout

        android:layout_width = "wrap_content"
        android:layout_height = "wrap_content"
        android:layout_weight = "2"
        android:orientation = "vertical"
        android:paddingLeft = "20px" >

        <TableLayout
            android:id = "@ + id/tableLayout1"
            android:layout_width = "match_parent"
            android:layout_height = "wrap_content" >

            <TableRow
                android:id = "@ + id/tableRow1"
                android:layout_width = "wrap_content"
                android:layout_height = "wrap_content" >

                <TextView
                    android:id = "@ + id/textView1"
                    android:layout_width = "wrap_content"
                    android:layout_height = "wrap_content"
                    android:text = "用户名:"
                    android:textSize = "20px" />

                <EditText
                    android:id = "@ + id/user"
                    android:layout_width = "wrap_content"
                    android:layout_height = "wrap_content"
                    android:minWidth = "400px" />

            </TableRow>

            <TableRow
                android:id = "@ + id/tableRow2"
                android:layout_width = "wrap_content"
                android:layout_height = "wrap_content" >

                <TextView
                    android:id = "@ + id/textView2"
                    android:layout_width = "wrap_content"
                    android:layout_height = "wrap_content"
                    android:text = "密码:"
                    android:textSize = "20px" />

                <EditText
```

```xml
            android:id="@+id/pwd"
            android:layout_width="wrap_content"
            android:layout_height="wrap_content"
            android:inputType="textPassword" />
</TableRow>

<TableRow
    android:id="@+id/tableRow3"
    android:layout_width="wrap_content"
    android:layout_height="wrap_content" >

    <TextView

        android:layout_width="wrap_content"
        android:layout_height="wrap_content"
        android:text="确认密码："
        android:textSize="20px" />

    <EditText
        android:id="@+id/repwd"
        android:layout_width="wrap_content"
        android:layout_height="wrap_content"
        android:inputType="textPassword" />
</TableRow>

<TableRow
    android:id="@+id/tableRow4"
    android:layout_width="wrap_content"
    android:layout_height="wrap_content" >

    <TextView
        android:id="@+id/textView3"
        android:layout_width="wrap_content"
        android:layout_height="wrap_content"
        android:text="E-mail 地址："
        android:textSize="20px" />

    <EditText
        android:id="@+id/email"
        android:layout_width="wrap_content"
        android:layout_height="wrap_content" />
</TableRow>

<TableRow
    android:id="@+id/tableRow5"
    android:layout_width="wrap_content"
    android:layout_height="wrap_content" >

    <Button
```

```xml
                android:id = "@ +id/submit"
                android:layout_width = "wrap_content"
                android:layout_height = "wrap_content"
                android:text = "提交" />
        </TableRow>
    </TableLayout>

</LinearLayout>

<LinearLayout
    android:id = "@ +id/linearLayout1"
    android:layout_width = "wrap_content"
    android:layout_height = "wrap_content"
    android:layout_weight = "1"
    android:gravity = "center_horizontal"
    android:orientation = "vertical" >

    <ImageView
        android:id = "@ +id/imageView1"
        android:layout_width = "158px"
        android:layout_height = "150px"
        android:src = "@ drawable/img01" />

    <Button
        android:id = "@ +id/button1"
        android:layout_width = "wrap_content"
        android:layout_height = "wrap_content"
        android:text = "选择头像" />

</LinearLayout>
</LinearLayout>
```

步骤二：布局文件 head.xml 的实现。

```xml
<?xml version = "1.0" encoding = "utf -8"? >
<LinearLayout xmlns:android = "http://schemas.android.com/apk/res/android"
    android:layout_width = "match_parent"
    android:layout_height = "match_parent"
    android:orientation = "vertical" >

    <GridView
        android:id = "@ +id/gridView1"
        android:layout_width = "match_parent"
        android:layout_height = "match_parent"
        android:layout_marginTop = "10px"
        android:horizontalSpacing = "3px"
        android:numColumns = "4"
        android:verticalSpacing = "3px" />

</LinearLayout>
```

步骤三：布局文件 register.xml 的实现。

```xml
<?xml version="1.0" encoding="utf-8"?>
<LinearLayout xmlns:android="http://schemas.android.com/apk/res/android"
    android:layout_width="match_parent"
    android:layout_height="match_parent"
    android:orientation="vertical">

    <TextView
        android:id="@+id/user"
        android:layout_width="wrap_content"
        android:layout_height="wrap_content"
        android:padding="10dp"
        android:text="用户名:" />

    <TextView
        android:id="@+id/pwd"
        android:layout_width="wrap_content"
        android:layout_height="wrap_content"
        android:padding="10dp"
        android:text="密码:" />

    <TextView
        android:id="@+id/email"
        android:layout_width="wrap_content"
        android:layout_height="wrap_content"
        android:padding="10dp"
        android:text="E-mail:" />

    <Button
        android:id="@+id/close"
        android:layout_width="wrap_content"
        android:layout_height="wrap_content"
        android:text="关闭" />
</LinearLayout>
```

步骤四：界面程序文件 MainActivity.java 的实现。

```java
package com.example.dataacti;

import androidx.annotation.Nullable;
import androidx.appcompat.app.AppCompatActivity;

import android.content.Intent;
import android.os.Bundle;
import android.view.View;
import android.widget.Button;
import android.widget.EditText;
import android.widget.ImageView;
```

```java
import android.widget.Toast;

public class MainActivity extends AppCompatActivity {

    @Override
    protected void onCreate(Bundle savedInstanceState) {
        super.onCreate(savedInstanceState);
        setContentView(R.layout.activity_main);
        Button button = (Button) findViewById(R.id.button1);    //获取选择头像按钮
        button.setOnClickListener(new View.OnClickListener() {

            @Override
            public void onClick(View v) {
                Intent intent = new Intent(MainActivity.this, HeadActivity.class);
                startActivityForResult(intent, 0x11);    /*启动intent对应的Activity*/
            }
        });
        Button submit = (Button) findViewById(R.id.submit);    //获取提交按钮
        submit.setOnClickListener(new View.OnClickListener() {
            @Override
            public void onClick(View v) {
                String user = ((EditText) findViewById(R.id.user)).getText().toString();    //获取输入的用户
                String pwd = ((EditText) findViewById(R.id.pwd)).getText().toString();    //获取输入的密码
                String repwd = ((EditText) findViewById(R.id.repwd)).getText().toString();    //获取输入的确认密码
                String email = ((EditText) findViewById(R.id.email)).getText().toString();    //获取输入的E-mail地址
                if (!"".equals(user) && !"".equals(pwd) && !"".equals(email)) {
                    if (!pwd.equals(repwd)) {    //判断两次输入的密码是否一致
                        Toast.makeText(MainActivity.this, "两次输入的密码不一致，请重新输入!", Toast.LENGTH_LONG).show();
                        ((EditText) findViewById(R.id.pwd)).setText("");/*清空密码编辑框*/
                        ((EditText) findViewById(R.id.repwd)).setText("");/*清空确认密码编辑框*/
                        ((EditText) findViewById(R.id.pwd)).requestFocus();    /*让密码编辑框获得焦点*/
                    } else {
                        //将输入的信息保存到Bundle中,并启动一个新的Activity显示输入的用户注册信息
                        Intent intent2 = new Intent(MainActivity.this, RegisterActivity.class);
                        Bundle bundle2 = new Bundle();//创建并实例化一个Bundle对象
                        bundle2.putCharSequence("user", user);    //保存用户名
                        bundle2.putCharSequence("pwd", pwd);    //保存密码
```

```
                              bundle2.putCharSequence("email",email);        /*保存 E-mail 地址*/
                              intent2.putExtras(bundle2);/*将 Bundle 对象添加到 Intent 对象中*/
                              startActivityForResult(intent2,0x717);       /*启动新的 Activity*/
                    }
                } else {
                    Toast.makeText(MainActivity.this,"请将注册信息输入完整!",Toast.LENGTH_LONG).show();
                }
            }
        });
    }

    @Override
    protected void onActivityResult(int requestCode, int resultCode, @Nullable Intent data) {
        super.onActivityResult(requestCode, resultCode, data);
        if(requestCode == 0x11 && resultCode == 0x11) {    //判断是否为待处理的结果
            Bundle bundle1 = data.getExtras();         //获取传递的数据包
            int imageId = bundle1.getInt("imageId");      //获取选择的头像 ID
            ImageView iv = (ImageView) findViewById(R.id.imageView1);  //获取布局文件中添加的 ImageView 组件
            iv.setImageResource(imageId);       //显示选择的头像
        }
        if (requestCode == 0x717 && resultCode == 0x717) {
            ((EditText) findViewById(R.id.user)).setText("");
            ((EditText) findViewById(R.id.pwd)).setText("");
            ((EditText) findViewById(R.id.repwd)).setText("");
            ((EditText) findViewById(R.id.email)).setText("");
        }
    }
}
```

步骤五：界面程序文件 HeadActivity.java 的实现。

```
package com.example.dataacti;

import androidx.appcompat.app.AppCompatActivity;

import android.content.Intent;
import android.os.Bundle;
import android.view.View;
import android.view.ViewGroup;
import android.widget.AdapterView;
import android.widget.BaseAdapter;
import android.widget.GridView;
```

```java
import android.widget.ImageView;

public class HeadActivity extends AppCompatActivity {
    public int[] imageId = new int[]{R.drawable.img01, R.drawable.img02,
            R.drawable.img03, R.drawable.img04, R.drawable.img05,
            R.drawable.img06, R.drawable.img07, R.drawable.img08,
            R.drawable.img09, R.drawable.img10};  //定义并初始化保存头像id的数组

    @Override
    protected void onCreate(Bundle savedInstanceState) {
        super.onCreate(savedInstanceState);
        setContentView(R.layout.head);//设置该Activity使用的布局
        GridView gridview = (GridView) findViewById(R.id.gridView1);   //获取GridView组件
        BaseAdapter adapter = new BaseAdapter() {
            @Override
            public View getView(int position, View convertView, ViewGroup parent) {
                ImageView imageview;        //声明ImageView的对象
                if (convertView == null) {
                    imageview = new ImageView(HeadActivity.this);    //实例化ImageView的对象
                    /*************** 设置图像的宽度和高度 ******************/
                    imageview.setAdjustViewBounds(true);
                    imageview.setMaxWidth(158);
                    imageview.setMaxHeight(150);
                    /***********************************************/
                    imageview.setPadding(5, 5, 5, 5);  //设置ImageView的内边距
                } else {
                    imageview = (ImageView) convertView;
                }
                imageview.setImageResource(imageId[position]);   //为ImageView设置要显示的图片
                return imageview;     //返回ImageView
            }

            /*
             * 功能:获得当前选项的ID
             */
            @Override
            public long getItemId(int position) {
                return position;
            }

            /*
             * 功能:获得当前选项
             */
            @Override
            public Object getItem(int position) {
```

```java
                return position;
            }

            /*
             * 获得数量
             */
            @Override
            public int getCount() {
                return imageId.length;
            }
        };

        gridview.setAdapter(adapter);         //将适配器与 GridView 关联
        gridview.setOnItemClickListener(new AdapterView.OnItemClickListener() {
            @Override
            public void onItemClick(AdapterView<?> parent, View view, int position, long id) {
                Intent intent = getIntent();                //获取 Intent 对象
                Bundle bundle = new Bundle();               //实例化要传递的数据包
                bundle.putInt("imageId", imageId[position]);//显示选中的图片
                intent.putExtras(bundle);                   //将数据包保存到 intent 中
                setResult(0x11, intent);    /* 设置返回的结果码,并返回调用该 Activity 的 Activity */
                finish();       //关闭当前 Activity
            }
        });
    }
}
```

步骤六:界面程序文件 RegisterActivity.java 的实现。

```java
package com.example.dataacti;

import androidx.appcompat.app.AppCompatActivity;

import android.content.Intent;
import android.os.Bundle;
import android.view.View;
import android.widget.Button;
import android.widget.TextView;

public class RegisterActivity extends AppCompatActivity {

    @Override
    protected void onCreate(Bundle savedInstanceState) {
        super.onCreate(savedInstanceState);
        setContentView(R.layout.register);
        final Intent intent2 = getIntent();         //获取 Intent 对象
        Bundle bundle2 = intent2.getExtras();       //获取传递的数据包
        TextView user = (TextView) findViewById(R.id.user);    //获取显示用户名的 TextView 组件
```

```
            user.setText("用户名:" + bundle2.getString("user"));
//获取输入的用户名并显示到 TextView 组件中
            TextView pwd = (TextView) findViewById(R.id.pwd);
//获取显示密码的 TextView 组件
            pwd.setText("密码:" + bundle2.getString("pwd"));
//获取输入的密码并显示到 TextView 组件中
            TextView email = (TextView) findViewById(R.id.email);
//获取显示 E-mail 的 TextView 组件
            email.setText("E-mail:" + bundle2.getString("email"));
//获取输入的 E-mail 并显示到 TextView 组件中
            final Button close = (Button) findViewById(R.id.close);
            close.setOnClickListener(new View.OnClickListener() {
                @Override
                public void onClick(View arg0) {
                    setResult(0x717, intent2);
                    finish();
                }
            });
        }
    }
```

步骤七:程序清单文件 AndroidManifest.xml 的实现。

```xml
<?xml version="1.0" encoding="utf-8"?>
<manifest xmlns:android="http://schemas.android.com/apk/res/android"
    package="com.example.dataacti">

    <application
        android:allowBackup="true"
        android:icon="@mipmap/ic_launcher"
        android:label="@string/app_name"
        android:roundIcon="@mipmap/ic_launcher_round"
        android:supportsRtl="true"
        android:theme="@style/AppTheme">
        <activity
            android:name=".RegisterActivity"
            android:label="信息确认"></activity>
        <activity
            android:name=".HeadActivity"
            android:label="头像选择" />
        <activity
            android:name=".MainActivity"
            android:label="用户注册">
            <intent-filter>
                <action android:name="android.intent.action.MAIN" />

                <category android:name="android.intent.category.LAUNCHER" />
            </intent-filter>
        </activity>
    </application>

</manifest>
```

知识巩固

1. 在 Android Studio 中创建一个 Activity，需要继承（　　）类。
   A. Activity　　　　　　　　　　　　B. BroadCastReceiver
   C. AppCompatActivity　　　　　　　 D. Service

2. 标签的 android:name 属性的作用是（　　）。
   A. 为该 activity 指定主题
   B. 为该 activity 指定标题
   C. 为该 activity 指定图标
   D. 为该 Activity 指定实现类的类名

3. 如果第 1 个界面程序 FirstActivity，要启动第 2 个界面程序 SecondActivity，完成下面代码的填写：
   Intent intent = new Intent（　　）；
   A. SecondActivity. class，FirstActivity. this
   B. FirstActivity. this，SecondActivity. class
   C. SecondActivity. this，FirstActivity. this
   D. FirstActivity. this，SecondActivity. this

4. 如果一个 Activity 要访问另一个 Activity，并且需要返回结果数据，应使用（　　）方法启动另一个 Activity。
   A. setResult( )　　　　　　　　　　 B. startActivityForResult( )
   C. startActivity( )　　　　　　　　　D. onActivityResult( )

5. 将 Bundle 对象加入 Intent 对象，需使用（　　）方法。
   A. putExtra( )　　　　　　　　　　 B. addExtras( )
   C. addExtra( )　　　　　　　　　　 D. putExtras( )

工作任务单

《Android 移动开发项目式教程》工作任务单

工作任务			
小组名称		工作成员	
工作时间		完成总时间	
工作任务描述			

项目七 Android 基本组件应用

续表

小组分工	姓名	工作任务
任务执行结果记录		
序号	工作内容	完成情况	操作员
任务实施过程记录			
验收评定		验收人签字	

任务 2 Service 服务——视力保护通知提醒

任务描述

保护好心灵的窗口,避免持续用眼过度。为了防止青少年长时间看手机屏幕,影响视力,造成对眼睛的伤害,下面在应用程序中加入视力保护通知提醒功能。

①创建一个 Android 应用程序,完成视力保护通知提醒功能。

②当应用主页面运行持续一段时间后,显示通知信息提醒用户保护视力。运行程序,为方便测试,在应用程序启动 1 分钟后,会以通知方式显示提示信息,下滑打开后,如图 7-3 所示。

图 7-3　通知显示界面效果图

任务分析

开发此应用需要编辑的文件见表 7-3。

表 7-3　视力保护通知提醒程序的文件列表

文件类型		文件名	操作
资源文件	图片资源	res/drawable/advise.png	添加
	布局文件	res/layout/activity_main.xml	编辑
界面程序文件		src/…/MainActivity.java src/…/TimeService.java	编辑
程序清单文件		AndroidManifest.xml	编辑

知识要点

1. Service 概述及分类

Service 是一种长生命周期且没有可视化界面，并运行于后台的服务程序。服务主要用于两个目的：后台运行和跨进程访问。通过启动一个服务，可以在不显示界面的前提下在后台运行指定的任务，这样可以不影响用户做其他的事情。通过 AIDL 服务可以实现不同进程之间的通信，这也是服务的重要用途之一。由于服务 Service 并没有实际界面，而是一直在 Android 系统的后台运行，通常使用 Service 为应用程序提供一些服务，或不需要界面的功能。

服务从本质上可以分为两种类型：一种是当应用程序组件（例如 Activity）通过调用 startService()方法启动服务时，服务处于"启动"状态。一旦启动，服务能在后台无限期运行，即使启动它的组件已经被销毁。通常，启动服务执行单个操作并且不会向调用者返回结果。另一种是当应用程序组件通过调用 bindService()方法绑定到服务时，服务处于"绑定"状态。绑定服务提供客户端 – 服务器接口，以允许组件与服务交互、发送请求、获得结果，甚至使用进程间通信（IPC）跨进程完成这些操作。仅当其他应用程序组件与之绑定时，绑定服务才运行。多个组件可以一次绑定到一个服务上，但是当它们都解除绑定时，服务被销毁。

2. 管理 Service 的生命周期

服务的生命周期比 Activity 简单很多，但是却需要开发人员更加关注服务如何创建和销毁，因为服务在用户不知情时就可以在后台运行。服务的生命周期可以分成两个不同的路径：

（1）启动 Service

当其他组件调用 startService()方法时，服务被创建。接着服务无限期运行，其自身必须调用 stopSelf()方法或者其他组件调用 stopService()方法来停止服务。当服务停止时，系统将其销毁。

（2）绑定 Service

当其他组件调用 bindService()方法时，服务被创建。接着客户端通过 IBinder 接口与服务通信。客户端通过 unbindService()方法关闭连接。多个客户端能绑定到同一个服务并且当它们都解绑定时，系统销毁服务（服务不需要被停止）。

这两条路径并非完全独立，即开发人员可以绑定已经使用 startService()方法启动的服务，例如，后台音乐服务能使用包含音乐信息的 Intent 通过调用 startService()方法启动；然后，当用户需要控制播放器或者获得当前音乐信息时，可以调用 bindService()方法绑定 Activity 到服务，此时，stopService()和 stopSelf()方法直到全部客户端解绑定时才能停止服务。图 7 – 4 所示演示了两类服务的生命周期。

对相关方法详解：

onCreate()：当 Service 第一次被创建后立即回调该方法。该方法在整个生命周期中只会调用一次。

onDestory()：当 Service 被关闭时会回调该方法。该方法只会回调一次。

onStartCommand(intent, flag, startId)：早期版本是 onStart(intent, startId)，当客户端调用 startService(Intent)方法时会回调，可多次调用 StartService 方法，但不会再创建新的 Service 对象，而是继续复用前面产生的 Service 对象，但会继续回调 onStartCommand()方法。

IBinder onBind(intent)：该方法是 Service 都必须实现的方法，该方法会返回一个 IBinder 对象，APP 通过该对象与 Service 组件进行通信。

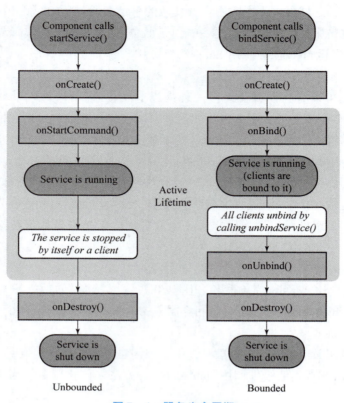

图7-4 服务生命周期

onUnbind(intent):当该Service上绑定的所有客户端都断开时,会回调该方法。

3. 启动与停止服务Service

(1) 启动Service

开发人员可以从Activity或者其他应用程序组件通过传递Intent对象(指定要启动的服务)到startService()方法启动服务。Android系统调用服务的onStartCommand()方法并将Intent传递给它。

注意:不要直接调用onStartCommand()方法。

例如,Activity能使用显式Intent和startService()方法启动已经定义的示例服务(HelloService),其代码如下:

```
Intent intent = new Intent(this, HelloService.class);
startService(intent);
```

startService()方法立即返回,然后Android系统调用服务的onStartCommand()方法。如果服务还没有运行,系统首先调用onCreate()方法,接着调用onStartCommand()方法。

如果服务没有提供绑定,startService()方法发送的Intent是应用程序组件和服务之间唯一的通信模式。然而,如果开发人员需要服务返回结果,则启动该服务的客户端能为广播(使用getBroadcast()方法)创建PendingIntent并通过启动服务的Intent发送它。服务接下来能使用广播来发送结果。

多个启动服务的请求导致服务的 onStartCommand( )方法执行调用,然而仅需要一个停止方法(stopSelf( )或 stopService( )方法)来停止服务。

(2) 停止 Service

启动服务必须管理自己的生命周期。即系统不会停止或销毁服务,除非它必须回收系统内存,而且在 onStartCommand( )方法返回后服务继续运行。因此,服务必须调用 stopSelf( )方法停止自身,或者其他组件调用 stopService( )方法停止服务。

当使用 stopSelf( )或 stopService( )方法请求停止时,系统会尽快销毁服务。

然而,如果服务同时处理多个 onStartCommand( )方法调用请求,则处理完一个请求后,不应该停止服务,因为可能收到一个新的启动请求(在第一个请求结束后停止会终止第二个请求)。为了避免这个问题,开发人员可以使用 stopSelf(int)方法来确保停止服务的请求总是基于最近收到的启动请求。即当调用 stopSelf(int)方法时,同时将启动请求的 ID(发送给 onStartCommand( )方法的 startId)传递给停止请求。这样如果服务在能够调用 stopSelf(int)方法前接收到新启动请求,ID 会不匹配,因而服务不会停止。

注意:应用程序应该在任务完成后停止服务,来避免系统资源浪费和电池消耗。如果必要,其他组件能通过 stopService( )方法停止服务。即便能够绑定服务,如果调用了 onStart-Command( )方法,就必须停止服务。

4. Notification(状态栏通知)

(1) Notification 的基本使用流程

状态通知栏主要涉及两个类:Notification 和 NotificationManager。Notification 是通知信息类,它里面对应了通知栏的各个属性。NotificationManager 是状态栏通知的管理类,负责发通知、清除通知等操作。使用 Notification 的基本流程:

第 1 步:获得 NotificationManager 对象:NotificationManager mNManager = (NotificationManager) getSystemService(NOTIFICATION_SERVICE);

第 2 步:创建一个通知栏的 Builder 构造类:Notification. Builder mBuilder = new Notification. Builder(this);

第 3 步:对 Builder 进行相关的设置,比如标题、内容、图标、动作等;

第 4 步:调用 Builder 的 build( )方法为 notification 赋值;

第 5 步:调用 NotificationManager 的 notify( )方法发送通知。

另外,还可以调用 NotificationManager 的 cancel( )方法取消通知。

(2) 设置相关的一些方法

通过 Notification. Builder mBuilder = new Notification. Builder(this);完成通知构建后再调用下述相关的方法进行设置。

setContentTitle(CharSequence):设置标题。

setContentText(CharSequence):设置内容。

setSubText(CharSequence):设置内容下面一小行的文字。

setTicker(CharSequence):设置收到通知时在顶部显示的文字信息。

setWhen(long)：设置通知时间，一般设置的是收到通知时的 System. currentTimeMillis( )。

setSmallIcon(int)：设置右下角的小图标，在接收到通知的时候，顶部也会显示这个小图标。

setLargeIcon(Bitmap)：设置左边的大图标。

setAutoCancel(boolean)：用户单击 Notification，单击面板后是否让通知取消（默认不取消）。

setDefaults(int)：向通知添加声音、闪灯和振动效果，可以组合多个属性值。

setVibrate(long[ ])：设置振动方式。

setLights(int argb, int onMs, int offMs)：设置三色灯。

setSound(Uri)：设置接收到通知时的铃声。

setOngoing(boolean)：设置为 ture，表示它为一个正在进行的通知。

setProgress(int,int,boolean)：设置带进度条的通知。

setContentIntent(PendingIntent)：PendingIntent 和 Intent 略有不同，它可以设置执行次数，主要用于远程服务通信、闹铃、通知、启动器、短信中，在一般情况下用得比较少。

setPriority(int)：设置优先级。

任务实施

步骤一：布局文件 activity_main. xml 的实现。

```xml
<?xml version = "1.0" encoding = "utf-8"?>
<androidx.constraintlayout.widget.ConstraintLayout
    xmlns:android = "http://schemas.android.com/apk/res/android"
    xmlns:app = "http://schemas.android.com/apk/res-auto"
    xmlns:tools = "http://schemas.android.com/tools"
    android:layout_width = "match_parent"
    android:layout_height = "match_parent"
    android:background = "@drawable/advise"
    tools:context = ".MainActivity">

    <TextView
        android:layout_width = "wrap_content"
        android:layout_height = "wrap_content"
        android:text = "游戏进行中……"
        app:layout_constraintBottom_toBottomOf = "parent"
        app:layout_constraintLeft_toLeftOf = "parent"
        app:layout_constraintRight_toRightOf = "parent"
        app:layout_constraintTop_toTopOf = "parent" />

</androidx.constraintlayout.widget.ConstraintLayout>
```

步骤二：界面程序文件 MainActivity. java 的实现。

项目七　Android 基本组件应用

```java
package com.example.servicebaohushili;

import androidx.appcompat.app.AppCompatActivity;

import android.content.Intent;
import android.os.Bundle;

public class MainActivity extends AppCompatActivity {

    @Override
    protected void onCreate(Bundle savedInstanceState) {
        super.onCreate(savedInstanceState);
        setContentView(R.layout.activity_main);
        startService(new Intent(this, TimeService.class));
    }
}
```

步骤三：界面程序文件 TimeService.java 的实现。

```java
package com.example.servicebaohushili;

import android.app.Notification;
import android.app.NotificationChannel;
import android.app.NotificationManager;
import android.app.PendingIntent;
import android.app.Service;
import android.content.Intent;
import android.graphics.Color;
import android.os.Build;
import android.os.IBinder;

import androidx.annotation.RequiresApi;

import java.util.Timer;
import java.util.TimerTask;

public class TimeService extends Service {
    private Timer timer;

    @Override
    public IBinder onBind(Intent intent) {
        // TODO: Return the communication channel to the service.
        // TODO Auto-generated method stub
        return null;
    }

    @Override
```

```java
    public void onCreate() {
      //TODO Auto-generated method stub
      super.onCreate();
      timer = new Timer(true);

    }

    @Override
    public void onStart(Intent intent, int startId) {
      super.onStart(intent, startId);
      timer.schedule(new TimerTask() {

          @RequiresApi(api = Build.VERSION_CODES.JELLY_BEAN)
          @Override
          public void run() {
            //TODO Auto-generated method stub
            //获得通知管理器
            NotificationManager manager = (NotificationManager)
getSystemService(NOTIFICATION_SERVICE);
             // Notification notification = new Notification(R.drawable.advise2,
"请查看通知",System.currentTimeMillis()); //创建通知

            //创建Intent对象
            Intent intent = new Intent(TimeService.this, MainActivity.class);
            PendingIntent contentIntent = PendingIntent.getActivity(
                TimeService.this, 0, intent,
                PendingIntent.FLAG_UPDATE_CURRENT);//创建PendingIntent对象
            //定义通知行为
            Notification.Builder builder = new Notification.Builder(TimeService.this);
            builder.setSmallIcon(R.drawable.advise);
            builder.setTicker("请查看通知");
            builder.setContentTitle("保护视力");
            builder.setContentText("应用已经运行一分钟,请注意休息!");
            builder.setWhen(System.currentTimeMillis()); //发送时间
            builder.setDefaults(Notification.DEFAULT_ALL);
            builder.setContentIntent(contentIntent);
            //NotificationChannel是Android 8.0新增的通知渠道
             if(android.os.Build.VERSION.SDK_INT >= android.os.Build.VERSION_CODES.O){
                NotificationChannel channel = new NotificationChannel("001", "my_channel", NotificationManager.IMPORTANCE_DEFAULT);
                channel.enableLights(true); //是否在桌面icon右上角展示小红点
                channel.setLightColor(Color.GREEN); //小红点颜色
                channel.setShowBadge(true); //是否在久按桌面图标时显示此渠道的通知
                manager.createNotificationChannel(channel);
                builder.setChannelId("001");
            }
            //为要显示的每种通知类型创建用户可自定义的渠道
            Notification notification = builder.build();
```

```
        // notification.setLatestEventInfo(TimeService.this,"保护视力","应用
已经运行一分钟,请注意休息!",contentIntent);

            manager.notify(0,notification);  //显示通知
            TimeService.this.stopSelf();

        }
    },60000);
    }
}
```

步骤四:程序清单文件 AndroidManifest.xml 的实现。

```xml
<?xml version="1.0" encoding="utf-8"?>
<manifest xmlns:android="http://schemas.android.com/apk/res/android"
    package="com.example.servicebaohushili">

    <application
        android:allowBackup="true"
        android:icon="@mipmap/ic_launcher"
        android:label="@string/app_name"
        android:roundIcon="@mipmap/ic_launcher_round"
        android:supportsRtl="true"
        android:theme="@style/AppTheme">
        <service
            android:name=".TimeService"
            android:enabled="true"
            android:exported="true"></service>

        <activity
            android:name=".MainActivity"
            android:label="通知提醒">
            <intent-filter>
                <action android:name="android.intent.action.MAIN"/>

                <category android:name="android.intent.category.LAUNCHER"/>
            </intent-filter>
        </activity>
    </application>

</manifest>
```

知识巩固

1. 以 startService 开启服务,以下说法正确的是(　　)。

A. 以 startService 方式开启服务,服务一旦被开启,就会在后台长期运行

B. 服务开启后,只能关机后才能关闭服务

C. 服务不需要在清单文件里注册

D. 服务停止时,会调用 onStop( )

2. 在 Activity 中以 stopService 方式关闭 service 时，关于它的生命周期的描述，正确的是（　　）。

　　A. 停止时 onCreate( ) → onStart( )　　　　B. 停止时 onStop( ) → onDestroy( )

　　C. 停止时 onDestroy( )　　　　　　　　　D. 停止时 onStop( )

3. 通过 bindService 方式开启服务，服务生命周期是（　　）。

　　A. onCreate( )→onStart( )→onBind( )→onDestroy( )

　　B. onCreate( )→onBind( )→onUnBind( )→onDestroy( )

　　C. onCreate( )→onBind( )→onDestroy( )

　　D. onCreate( )→onStart( )→onBind( )→onUnBind( )→onDestroy( )

4. Service 的启动方法有（　　）。

　　A. startService　　　B. bindService　　　C. startActivity　　　D. IntentService

工作任务单

《Android 移动开发项目式教程》工作任务单

工作任务			
小组名称		工作成员	
工作时间		完成总时间	
工作任务描述			
小组分工	姓名		工作任务
任务执行结果记录			
序号	工作内容	完成情况	操作员
任务实施过程记录			
验收评定		验收人签字	

任务3　BroadcastReceiver——接收广播

任务描述

在 Android 系统中，广播（Broadcast）是组件之间传播数据的一种机制，这些组件可以位于不同的进程中，起到进程间通信的作用。广播体现在方方面面，例如，当开机完成后，系统会产生一条广播，接收到这条广播就能实现开机启动服务的功能；当网络状态改变时，系统会产生一条广播，接收到这条广播就能及时地做出提示和保存数据等操作；当电池电量改变时，系统会产生一条广播，接收到这条广播就能在电量低时告知用户及时保存进度等。

Android 中的广播机制设计得非常出色，很多事情原本需要开发者亲自操作的，现在只需等待广播告知就可以了，大大减少了开发的工作量和开发周期。而作为应用开发者，需要熟练掌握 Android 系统提供的一个开发利器，那就是 BroadcastReceiver。下面演示一个广播传递的示例。

①创建一个 Android 应用程序，完成使用广播控制界面显示的功能。

②当应用主页面运行后，界面分为 3 部分，上部发送广播，下部注册（或者取消）广播接收器，中部显示控制效果。运行程序，通过按钮动态注册的广播接收器（内部类实现）在接收到不同的广播后，进行相应的操作设置。页面中部显示效果后如图 7-5 所示。

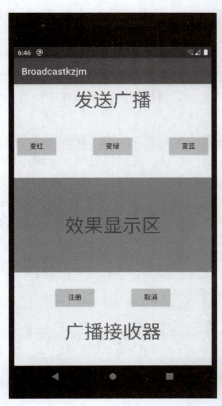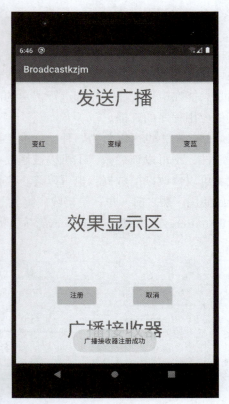

图 7-5　广播控制界面显示的效果图

任务分析

开发此应用需要编辑的文件见表 7-4。

表 7-4 广播控制界面显示程序的文件列表

文件类型		文件名	操作
资源文件	布局文件	res/layout/activity_main.xml	编辑
	界面程序文件	src/…/MainActivity.java	编辑
	程序清单文件	AndroidManifest.xml	编辑

知识要点

1. 广播概述及 BroadcastReceiver 解析

Broadcast（广播）是一种广泛应用在应用程序之间传输信息的机制，而 BroadcastReceiver（广播接收器）则是用于接收来自系统和应用的广播，并对其进行响应的组件。Android 提供了一套完整的 API，允许应用程序自由地发送和接收广播，其中又用到可以传递信息的 Intent。在 Android 系统中，经常需要处理地域变换、电量不足、来电来信等信息，这些都是 Android 的广播系统发起的，需要的时候开发者也可以自行编写程序来播放一个广播。

简单地对广播过程进行分析，广播有两个角色，一个是广播发送者，另一个是广播接收者。

广播按照类型分为两种，一种是全局广播，另一种是本地广播。全局广播的意思就是发出的广播可以被其他任意的应用程序接收，或者可以接收来自其他任意应用程序的广播。本地广播则是只能在应用程序的内部进行传递的广播，广播接收器也只能接收内部的广播，不能接受其他应用程序的广播。

按照广播机制，也可以分为两种：标准广播和有序广播。标准广播：所有的接收者都会接收广播事件，不可以被拦截，不可以被修改。有序广播：按照优先级，一级一级地向下传递，接收者可以修改广播数据，也可以终止广播事件。

在开始使用广播之前（也就是接收广播），需要定义一个类，使其继承 BroadcastReceiver，复写其中的 onRecevie 方法，onReceieve 方法中就是广播接收器收到广播之后需要处理的操作。

```
SharedPreferences sp = getSharedPreferences("user", MODE_PRIVATE);
public class myreceiver extends BroadcastReceiver{
@Override
public void onReceive(Context context, Intent intent) {
  //在这里写上相关的处理代码,一般来说,不要在此添加过多的逻辑或者是进行任何的耗时操作。
  //因为广播接收器中是不允许开启多线程的,执行时间过长的操作就会出现报错。
  //因此广播接收器更多的是扮演一种打开程序其他组件的角色,
    //比如创建一条状态栏通知,或者启动某个服务。
  }
}
```

2. 广播的接收与发送过程

下面就来进行 Android 广播的接收与发送功能的实现。通过接收系统广播，来实现系统启动后自动运行程序的方法。分别介绍普通广播、有序广播、本地广播和黏性广播四种类型广播的发送和接收方法。

（1）普通广播

普通广播是一种完全异步执行的广播，在广播发出之后，所有的广播接收器几乎都会在同一时刻接收到这条广播消息，因此，它们接收的先后是随机的。另外，接收器不能截断普通广播。

- 接收系统广播

想要接收一个广播，就要有能接收这个广播的接收器。

具体用法是：

第一步：自定义接收器类并继承 BroadcastReceiver，然后具体实现 onReceive( )方法。注意：BroadcastReceiver 生命周期只有十秒左右，因此，在 onReceive( )不要做一些耗时的操作，应该发送给 service，由 service 来完成；onReceive( )不要开启子线程。

第二步：对广播接收器进行注册。有两种注册方法：一种在活动里通过代码动态注册，另一种在配置文件里静态注册。其实，仔细观察，两种方式都是完成了对接收器以及它能接收的广播值这两个参数的定义。这两种注册方法有一个区别是：动态注册的接收器必须要在程序启动之后才能接收到广播，而静态注册的接收器即便程序未启动，也能接收到广播，比如，想接收到手机开机完成后系统发出的广播，就只能用静态注册了。

- 发送自定义广播

自定义的接收器不仅可以接收 Android 内置的各种系统级别的广播，也可以接收自定义的广播。那么就来学习如何发送一个自定义广播，了解接收器的接收情况。

发送一个自定义的普通广播方法非常简单，利用 Intent 把要发送的广播的值传入，再调用 Context 的 sendBroadcast( )方法将广播发送出去，这样所有监听该广播的接收器就会收到消息。

（2）有序广播

有序广播是一种同步执行的广播，在广播发出之后，同一时刻只会有一个广播接收器能够收到这条广播消息，当这个广播接收器中的逻辑执行完毕后，广播才会继续传递，所以，此时的广播接收器是有先后顺序的，且优先级（priority）高的广播接收器会先收到广播消息。有序广播可以被接收器截断，使得后面的接收器无法收到它。有序广播的工作流程：

发送一个有序广播和普通广播的方法有细微的区别，只需要将 sendBroadcast( )方法改成 sendOrderedBroadcast( )方法，它接收两个参数，第一个参数仍是 Intent，第二个参数是一个与权限相关的字符串，这里传入 null 就行。

此时广播接收器是有先后顺序的，而且前面的广播接收器还可以将广播截断，以阻止其继续传播。如果在 AnotherReceiver 的 onReceive( )方法中调用了 abortBroadcast( )方法，表示将这条广播截断，后面的广播接收器将无法再接收到这条广播。现在重新运行程序，并单击按钮，会发现只有 AnotherReceiver 中的 Toast 信息弹出，说明这条广播经过 AnotherReceiver 之后确实是终止传递了。

（3）本地广播

前面两种广播都属于系统全局广播，即发出的广播可被其他应用程序接收到，并且我们也可接收到其他任何应用程序发送的广播。为了能够简单地解决全局广播可能带来的安全性问题，Android 引入了一套本地广播机制，使用这个机制发出的广播只能够在应用程序的内部进行传递，并且广播接收器也只能接收本应用程序发出的广播。

实现本地广播的发送和接收也很简单，主要使用了一个 LocalBroadcastManager 来对广播进行管理，并提供了相应的发送广播和注册广播接收器的方法。

首先通过 LocalBroadcastManager.getInstance(this) 方法获取一个 LocalBroadcastManager 实例，然后用 LocalBroadcastManager 提供的 registerReceiver() 和 unregisterReceiver() 方法来动态注册和取消接收器以及使用 sendBroadcast() 方法发送本地广播。

注意，本地广播是无法通过静态注册的方式来接收的，因为静态注册主要就是为了让程序在未启动的情况下也能收到广播，而发送本地广播时，应用程序肯定已经启动了，也完全不需要使用静态注册的功能。

（4）黏性广播

通过 Context.sendStickyBroadcast() 方法可以发送黏性（sticky）广播，这种广播会一直滞留，当有匹配该广播的接收器被注册后，该接收器就会收到此条广播。注意，发送黏性广播还需要 BROADCAST_STICKY 权限。sendStickyBroadcast() 只保留最后一条广播，并且一直保留下去，这样即使已经有广播接收器处理了该广播，一旦又有匹配的广播接收器被注册，则该黏性广播仍会被接收。如果只想处理一遍该广播，可通过 removeStickyBroadcast() 方法来实现。接收黏性广播的过程和普通广播是一样的。

3. 静态和动态注册广播接收器

注册广播接收器的方式有两种：一种是动态注册（使用 java 代码），另一种则是静态注册（在 AndroidManifest.xml 清单文件中定义）。在 Android 的主配置文件中，通过 <receiver> 标签注册的广播接收器是静态注册广播接收器。广播接收器也可以在程序代码中动态地注册和取消，这种广播接收器称为动态注册广播接收器。

（1）动态注册的步骤

动态注册很容易实现，代码提要如下。但动态注册有个缺点，就是需要的程序启动才可以接收广播，假如需要的程序没有启动，但是还能接收广播，那么就需要注册静态广播。

```java
private MyReceiver receiver;
private IntentFilter intentFilter;
@Override
protected void onCreate(Bundle savedInstanceState) {
```

```
super.onCreate(savedInstanceState);
setContentView(R.layout.activity_main);
receiver = new MyReceiver();
intentFilter = new IntentFilter();
intentFilter.addAction("android.net.conn.CONNECTIVITY_CHANGE");
/* 当网络发生变化的时候,系统广播会发出值为 android.net.conn.CONNECTIVITY_CHANGE 这样
的一条广播*/
registerReceiver(receiver, intentFilter);
}
```

这里将广播接收器与 intentFilter 过滤器声明为全局变量,便于之后的注册与注销。需要注意的是,动态注册的广播接收器一定要注销,在 onDestroy 方法中调用 unregisterReceiver(recevier) 方法来实现注销。

(2) 静态注册的步骤

在 AndroidManifest.xml 中对该 BroadcastReceiver 进行注册,添加开机广播的 intent-filter 过滤,需要加上 android.permission.RECEIVE_BOOT_COMPLETED 的权限。重启下手机会发现过一会儿,就会弹出开机完毕这个接收到广播的提示。

```
<!-- 开机完成后系统广播发出一条值为 android.intent.action.BOOT_COMPLETED 的广播
-->
<receiver android:name = ".BootCompleteReceiver">
    <intent-filter>
        <action android:name = "android.intent.action.BOOT_COMPLETED">
    </intent-filter>
</receiver>

<!-- 权限 -->
<uses-permission android:name = "android.permission.RECEIVE_BOOT_COMPLETED"/>
```

任务实施

步骤一:布局文件 activity_main.xml 的实现。

```
<?xml version = "1.0" encoding = "utf-8"?>
<LinearLayout xmlns:android = "http://schemas.android.com/apk/res/android"
    xmlns:app = "http://schemas.android.com/apk/res-auto"
    xmlns:tools = "http://schemas.android.com/tools"
    android:layout_width = "match_parent"
    android:layout_height = "match_parent"
    android:orientation = "vertical"
    tools:context = ".MainActivity">

    <LinearLayout
        android:layout_width = "fill_parent"
        android:layout_height = "0dp"
```

```xml
        android:layout_weight = "1.0"
        android:orientation = "vertical" >

        <LinearLayout
            android:layout_width = "fill_parent"
            android:layout_height = "0dp"
            android:layout_weight = "1.0" >

            <TextView
                android:layout_width = "fill_parent"
                android:layout_height = "fill_parent"
                android:gravity = "center_vertical|center_horizontal"
                android:text = "发送广播"
                android:textSize = "40dp" />
        </LinearLayout>

        <LinearLayout
            android:layout_width = "fill_parent"
            android:layout_height = "0dp"
            android:layout_weight = "2.0"
            android:gravity = "center_vertical|center_horizontal" >

            <Button
                android:id = "@+id/btToRed"
                android:layout_width = "wrap_content"
                android:layout_height = "wrap_content"
                android:onClick = "doClick"
                android:text = "变红" />

            <Button
                android:id = "@+id/btToGreen"
                android:layout_width = "wrap_content"
                android:layout_height = "wrap_content"
                android:layout_marginLeft = "70dp"
                android:onClick = "doClick"
                android:text = "变绿" />

            <Button
                android:id = "@+id/btToBlue"
                android:layout_width = "wrap_content"
                android:layout_height = "wrap_content"
                android:layout_marginLeft = "70dp"
                android:onClick = "doClick"
                android:text = "变蓝" />
        </LinearLayout>
    </LinearLayout>

    <LinearLayout
        android:layout_width = "fill_parent"
```

```xml
        android:layout_height = "0dp"
        android:layout_weight = "1.0" >

        <TextView
            android:id = "@ + id/tvDisplay"
            android:layout_width = "fill_parent"
            android:layout_height = "fill_parent"
            android:gravity = "center_horizontal|center_vertical"
            android:text = "效果显示区"
            android:textSize = "40dp" />
    </LinearLayout>

    <LinearLayout
        android:layout_width = "fill_parent"
        android:layout_height = "0dp"
        android:layout_weight = "1.0"
        android:orientation = "vertical" >

        <LinearLayout
            android:layout_width = "fill_parent"
            android:layout_height = "70dp"
            android:layout_marginTop = "30dp"
            android:gravity = "center_horizontal" >

            <Button
                android:id = "@ + id/btRegister"
                android:layout_width = "wrap_content"
                android:layout_height = "wrap_content"
                android:onClick = "doClick"
                android:text = "注册" />

            <Button
                android:id = "@ + id/btCancel"
                android:layout_width = "wrap_content"
                android:layout_height = "wrap_content"
                android:layout_marginLeft = "70dp"
                android:onClick = "doClick"
                android:text = "取消" />
        </LinearLayout>

        <TextView
            android:layout_width = "fill_parent"
            android:layout_height = "wrap_content"
            android:gravity = "center_horizontal"
            android:text = "广播接收器"
            android:textSize = "40dp" />
    </LinearLayout>

</LinearLayout>
```

步骤二：界面程序文件 MainActivity.java 的实现。

```java
package com.example.broadcastkzjm;

import androidx.appcompat.app.AppCompatActivity;

import android.content.BroadcastReceiver;
import android.content.Context;
import android.content.Intent;
import android.content.IntentFilter;
import android.graphics.Color;
import android.os.Bundle;
import android.view.View;
import android.widget.Button;
import android.widget.TextView;
import android.widget.Toast;

public class MainActivity extends AppCompatActivity {
    //界面按钮的声明
    Button btToRed, btToGreen, btToBlue, btRegister, btCancel;
    //界面 TextView 的声明
    TextView tvDisplay;
    //自定义广播接收器内部类的声明
    InnerReceiver innerReceiver;
    //意图过滤器的声明
    IntentFilter intentFilter;
    //当前广播接收器是否注册的标识的声明
    boolean registerornot;

    /**
     * Called when the activity is first created.
     */
    @Override
    protected void onCreate(Bundle savedInstanceState) {
        super.onCreate(savedInstanceState);
        setContentView(R.layout.activity_main);
        //调用自定义初始化方法
        setup();
    }

    //自定义初始化方法
    private void setup() {
        //界面按钮的初始化
        btToRed = (Button) findViewById(R.id.btToRed);
        btToGreen = (Button) findViewById(R.id.btToGreen);
        btToBlue = (Button) findViewById(R.id.btToBlue);
        //界面 TextView 的初始化
        tvDisplay = (TextView) findViewById(R.id.tvDisplay);
        //自定义广播接收器内部类的初始化
        innerReceiver = new InnerReceiver();
```

```java
        //意图过滤器的初始化
        intentFilter = new IntentFilter();
        intentFilter.addAction("com.xdxy.broadcast.tored");
        intentFilter.addAction("com.xdxy.broadcast.togreen");
        intentFilter.addAction("com.xdxy.broadcast.toblue");
        //当前广播接收器是否已经注册的标识的初始化,初始值为false
        registerornot = false;
    }

    //为界面按钮添加事件处理方法
    public void doClick(View v) {
        switch (v.getId()) {
            //发送变红广播
            case R.id.btToRed:
                Intent redintent = new Intent("com.xdxy.broadcast.tored");
                sendBroadcast(redintent);
                break;
            //发送变绿广播
            case R.id.btToGreen:
                Intent greenintent = new Intent("com.xdxy.broadcast.togreen");
                sendBroadcast(greenintent);
                break;
            //发送变蓝广播
            case R.id.btToBlue:
                Intent blueintent = new Intent("com.xdxy.broadcast.toblue");
                sendBroadcast(blueintent);
                break;
            //首先判断当前接收器是否已经注册,没有注册则注册,否则提示已经注册
            case R.id.btRegister:
                if (registerornot) {
                    Toast.makeText(this, "广播接收器已经注册,请勿重复注册", Toast.LENGTH_LONG).show();
                    return;
                } else {
                    registerReceiver(innerReceiver, intentFilter);
                    registerornot = true;
                    Toast.makeText(this, "广播接收器注册成功", Toast.LENGTH_LONG).show();
                }
                break;
            //判断当前接收器是否已经注册,已经注册则取消注册,没有注册则提示没有注册
            case R.id.btCancel:
                if (registerornot) {
                    unregisterReceiver(innerReceiver);
                    registerornot = false;
                    Toast.makeText(this, "广播接收器被撤销", Toast.LENGTH_LONG).show();
                    return;
                } else {
                    Toast.makeText(this, "广播接收器并未注册", Toast.LENGTH_LONG).show();
```

```java
            }
            break;
        }
    }

    //自定义一个广播接收器内部类
    private class InnerReceiver extends BroadcastReceiver {
        @Override
        public void onReceive(Context context, Intent intent) {
            //TODO Auto-generated method stub
            //获得action
            String action = intent.getAction();
            //根据不同的action执行不同的操作
            if ("com.xdxy.broadcast.tored".equals(action)) {
                tvDisplay.setBackgroundColor(Color.RED);
            } else if ("com.xdxy.broadcast.togreen".equals(action)) {
                tvDisplay.setBackgroundColor(Color.GREEN);
            } else if ("com.xdxy.broadcast.toblue".equals(action)) {
                tvDisplay.setBackgroundColor(Color.BLUE);
            }
        }
    }
}
```

步骤三：程序编写好后，运行到 Android 开发终端上进行测试。首先注册广播接收器，再通过按钮控制显示区效果，最后取消注册。

知识巩固

1. 广播接收者使用（　　）组件表示。
   A. Activity　　　　B. Service　　　　C. BroadcastReceiver　　　　D. ContentProvider
2. 广播接收者要在清单文件中进行注册，使用（　　）标签。
   A. receiver　　　　　　　　　　　　B. broadcastreceiver
   C. service　　　　　　　　　　　　D. activity-receiver
3. 广播接收者要想实现功能，需要继承 BroadcastReceiver 类，实现（　　）方法。
   A. onCreate( )　　　　　　　　　　B. onReceiver( )
   C. onBroadcastReceiver( )　　　　　D. Receiver( )
4. 当有序广播发送消息时，如果优先级最高的广播接收者将广播终止，那么广播会（　　）。
   A. 继续传递　　　　　　　　　　　B. 不再传递
   C. 传递给优先级最低的　　　　　　D. 以上说法都不对
5. 按照优先级的顺序，广播接收者包括（　　）。
   A. 静态广播　　　　　　　　　　　B. 有序广播
   C. 动态广播　　　　　　　　　　　D. 无序广播

工作任务单

《Android 移动开发项目式教程》工作任务单

工作任务			
小组名称		工作成员	
工作时间		完成总时间	
工作任务描述			
小组分工	姓名		工作任务
任务执行结果记录			
序号	工作内容	完成情况	操作员
任务实施过程记录			
验收评定		验收人签字	

任务 4　ContentProvider 内容提供商——简单通讯录

任务描述

ContentProvider 为存储和获取数据提供统一的接口。可以在不同的应用程序之间共享数据。Android 已经为常见的一些数据提供了默认的 ContentProvider，程序员可以在自主开发的应用中访问其他应用或者系统 APP 提供的一些数据（如手机联系人、短信等）。想对这些数据进行读取或者修改，这就需要用到 ContentProvider。本节将以通讯录为例进行学习。

①创建一个 Android 应用程序，完成使用 ContentProvider 实现简单通讯录的功能。

②当应用主页面运行后，界面分为 3 部分：上部输入查询的关键字（姓名或电话）；下部三个按钮，分别表示查询、插入、退出；中部一个列表视图，显示查询结果。运行程序，在输入框输入联系人姓名或电话号码后，可以单击查询出联系人信息，支持姓名和电话模糊查询等，单击"添加"按钮可以添加联系人，在查询出的结果列表中单击单条记录，在弹出的对话框中可以选择删除或者修改联系人信息。效果如图 7－6 所示。

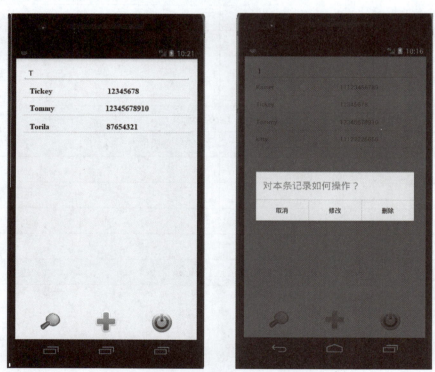

图 7－6　简单通讯录的功能效果图

任务分析

开发此应用需要编辑的文件见表 7－5。

表7-5 简单通讯录程序的文件列表

文件类型		文件名	操作
资源文件	图片素材	add_icon. png exit_icon. png find_icon. png	添加
资源文件	字符串资源	res/values/strings. xml	编辑
	布局文件	res/layout/activity_main. xml contact_item_layout. xml insert_layout. xml update_layout. xml	编辑
界面程序文件		src/…/MainActivity. java ContactBean. java ItemsAdapter. java	编辑
程序清单文件		AndroidManifest. xml	编辑

知识要点

1. ContentProvider 介绍

在 Android 官方指出的 Android 的数据存储方式中，ContentProvider 是一种内容共享型组件。它通过 Binder 向其他组件乃至其他应用提供数据。当 ContentProvider 所在的进程启动时，ContentProvider 会同时启动并被发布到 AMS 中。需要注意的是，这时 ContentProvider 的 onCreate 要先于 Application 的 onCreate 而执行，这在四大组件中是一个少有的现象。系统预置了许多 ContentProvider，比如通讯录信息、日程表信息等，要跨进程访问这些信息，只需要通过 ContentResolver 的 query、update、insert 和 delete 方法即可。应用程序中需要操作其他应用程序的一些数据，例如，需要操作系统里的媒体库、通讯录等，这时就可以通过 ContentProvider 来满足需求。

2. ContentProvider 数据共享解析

ContentProvider 是用来实现应用程序之间数据共享的类。当需要进行数据共享时，一般利用 ContentProvider 为需要共享的数据定义一个 URI，然后其他应用程序通过 Context 获得 ContentResolver 并将数据的 URI 传入即可。

Android 系统已经为一些常用的数据创建了 ContentProvider，这些 ContentProvider 都位于 android. provider 下，只要有相应的权限，自己开发的应用程序便可轻松地访问这些数据。注意：使用 ContentProvider 访问共享资源时，需要为应用程序添加适当的权限才可以。

对于 ContentProvider，最重要的就是数据模型（Data Model）和 URI。

（1）数据模型

ContentProvider 为所有需要共享的数据创建一个数据表，在表中，每一行表示一条记录，而每一列代表某个数据,并且其中每一条数据记录都包含一个名为"_ID"的字段来标识每条数据。

(2) URI

每个 ContentProvider 都会对外提供一个公开的 URI 来表示自己的数据集,当管理多个数据集时,将会为每个数据集分配一个独立的 URI。为系统的每一个资源确定一个名字,比如通话记录。这个 URI 用于表示这个 ContentProvider 所提供的数据。Android 所提供的 ContentProvider 都存放在 android. provider 包中。将 URI 路径分为 A、B、C、D 4 个部分,如图 7-7 所示。

图 7-7 URI 路径

A:标准前缀,用来说明由一个 ContentProvider 控制这些数据,格式固定不变。

B:URI 的标识,用于唯一标识这个 ContentProvider,外部调用者可以根据这个标识来找到它。它定义了是哪个 ContentProvider 提供这些数据。对于第三方应用程序,为了保证 URI 标识的唯一性,一般定义该 ContentProvider 的类完全限定名称。

C:路径 (path),通俗地讲,就是要操作的数据库中表的名字。也可以自己定义,只要在使用的时候保持一致就可以了。

D:如果 URI 中包含表示需要获取的记录的 ID,则就返回该 ID 对应的数据;如果没有 ID,就表示返回全部。图 7-7 中,100 表示数据 ID。

3. ContentProvider 常用操作

Android 系统为常用数据类型提供了很多预定义的 ContentProvider(声音、视频、图片、联系人等),它们大都位于 android. provider 包中。开发人员可以查询这些 ContentProvider,以获得其中包含的信息(有些需要适当的权限来读取数据)。Android 系统提供的常见 ContentProvider 说明如下。

Browser:读取或修改书签、浏览历史或网络搜索。

CallLog:查看或更新通话历史。

Contacts:获取、修改或保存联系人信息。

LiveFolders:由 ContentProvider 提供内容的特定文件夹。

MediaStore:访问声音、视频和图片。

Setting:查看和获取蓝牙设置、铃声和其他设备偏好。

SearchRecentSuggestions:能被配置使用的操作建议,系统会使用建议文本作为查询。

SyncStateContract:用于使用数据数组账号关联数据的 ContentProvider 约束。希望使用标准方式保存数据的 provider 可以使用它。

UserDictionary:在可预测文本输入时,提供用户定义单词给输入法使用。应用程序和输入法能增加数据到该字典。单词能关联频率信息和本地化信息。

(1) 查询数据

开发人员需要下面 3 条信息才能查询 ContentProvider 中的数据:标识该 ContentProvider

的 URI；需要查询的数据字段名称；字段中数据的类型。

如果查询特定的记录，则还需要提供该记录的 ID 值。

为了查询 Content Provider 中的数据，开发人员需要使用 ContentResolver.query( ) 或 Activity.managedQuery( ) 方法。这两个方法使用相同的参数，并且都返回 Cursor 对象。然而，managedQuery( ) 方法导致 Activity 管理 Cursor 的生命周期。托管的 Cursor 处理所有的细节，例如，当 Activity 暂停时卸载自身，当 Activity 重启时加载自身。调用 Activity.startManagingCursor( ) 方法可以让 Activity 管理未托管的 Cursor 对象。

query( ) 和 managedQuery( ) 方法的第一个参数是 provider 的 URI，即标识特定 ContentProvider 和数据集的 CONTENT_URI 常量。

为了限制仅返回一条记录，可以在 URI 结尾增加该记录的 ID 值，即将匹配 ID 值的字符串作为 URI 路径部分的结尾片段。例如，ID 值是 10，URI 将是：content://.../10。

有些辅助方法，特别是 ContentUris.withAppendedId( ) 和 Uri.withAppendedPath( )，能轻松地将 ID 增加到 URI。这两个方法都是静态方法，并返回一个增加了 ID 的 URI 对象。

query( ) 和 managedQuery( ) 方法其他参数用来更加细致地限制查询结果，它们是：应该返回的数据列名称。null 值表示返回全部列；否则，仅返回列出的列。全部预定义 ContentProvider 为其列都定义了常量。例如，android.provider.Contacts.Phones 类定义了 ID、NUMBER、NUMBER_KEY、NAME 等常量。

决定哪些行被返回的过滤器，格式类似于 SQL 的 WHERE 语句（但是不包含 WHERE 自身）。null 值表示返回全部行（除非 URI 限制查询结果为单行记录）。

返回记录的排序器，格式类似于 SQL 的 ORDER BY 语句（但是不包含 ORDER BY 自身）。null 值表示以默认顺序返回记录，这可能是无序的。

查询返回一组零条或多条数据库记录。列名、默认顺序和数据类型对每个 ContentProvider 都是特别的。但是每个 provider 都有一个 ID 列，它为每条记录保存唯一的数值 ID。每个 provider 也能使用 COUNT 报告返回结果中记录的行数，该值在各行都是相同的。

获得数据使用 Cursor 对象处理，它能向前或者向后遍历整个结果集。开发人员可以使用它来读取数据。增加、修改和删除数据则必须使用 ContentResolver 对象。

（2）添加数据

为了向 ContentProvider 中增加新数据，首先需要在 ContentValues 对象中建立键值对映射，这里每个键匹配 ContentProvider 中的列名，每个值是该列中希望增加的值。然后调用 ContentResolver.insert( ) 方法并传递给它 provider 的 URI 参数和 ContentValues 映射。该方法返回新记录的完整 URI，即增加了新记录 ID 的 URI。开发人员可以使用该 URI 来查询并获取该记录的 Cursor，以便修改该记录。

（3）修改数据

为了批量更新数据，使用 ContentResolver.update( ) 方法并提供需要修改的列名和值。

（4）删除数据

如果需要删除单条记录，调用 ContentResolver.delete( ) 方法并提供特定行的 URI。

如果需要删除多条记录，调用 ContentResolver.delete( ) 方法并提供删除记录类型的 URI

（例如，android. provider. Contacts. People. CONTENT_URI）和一个 SQL WHERE 语句，它定义哪些行需要删除。

4. 系统通讯录核心操作代码

以操作系统通讯录为例，分析一些核心功能代码。

读取系统联系人需要 ContentResolver. query()方法，该方法定义如下：

```
public final Cursor query(Uri uri, String[] projection,String selection, String[] selectionArgs, String sortOrder) {
        return query(uri, projection, selection, selectionArgs, sortOrder, null);
}
```

query 方法返回一个 Cursor 对象，这个对象和查询 SQLite 数据库返回的 Cursor 对象一样，可以直接访问 Cursor 对象中的数据，也可以将其和 CursorAdapt 一起使用，其中 5 个参数含义如下：

- uri：查询地址，例如：Uri. parse("content://com. android. contacts/contacts")。
- projection：需要查询的字段，类似于 SQL 语言中 select 和 from 之间的部分。
- selection：查询条件，类似于 where 后面的语句，例如：name = ? andsalary = ?。
- selectionArgs：占位符，问号表示的部分，例如：new String[ ]{"bill","1200"}。
- sortOrder：需要排序的字段，order by 后面的部分。

联系人数据库保存在 data/data/com. android. providers. contacts/database/contacts2. db 中。其中，主要的表有 raw_contacts（保存联系人 ID）、mimetypes（保存数据类型）、data（保存详细数据）。

- raw_contacts：存放联系人的 ID。id 属性为主键，声明为 autoincrement，即不需要手动设置，其他属性也不需要手动设置就有默认值；display_name 属性为姓名。
- mimetypes：存放数据的类型，比如 vnd. android. cursor. item/name 表示"姓名"类型的数据，vnd. android. cursor. item/phone_v2 表示"电话"类型的数据。
- data：存放具体的数据。raw_contact_id 属性用来连接 raw_contacts 表，每条记录表示一个具体数据；主要的数据（email、phone 等）都存放在 data 表中。

任务实施

步骤一：字符串资源文件 res/values/strings. xml 的实现。

```
<resources>
    <string name = "app_name">简单通讯录</string>
    <string name = "action_settings">Settings</string>
    <string name = "hello_world">Hello world!</string>
    <string name = "str_name">姓名</string>
    <string name = "str_number">电话</string>
</resources>
```

布局文件 activity_main. xml 的实现。

```xml
<?xml version="1.0" encoding="utf-8"?>
<RelativeLayout xmlns:android="http://schemas.android.com/apk/res/android"
    xmlns:tools="http://schemas.android.com/tools"
    android:layout_width="match_parent"
    android:layout_height="match_parent"
    android:paddingLeft="16dp"
    android:paddingTop="16dp"
    android:paddingRight="16dp"
    android:paddingBottom="16dp"
    tools:context=".MainActivity" >

    <EditText
        android:id="@+id/main_et_input"
        android:layout_width="fill_parent"
        android:layout_height="wrap_content"
        android:layout_alignParentTop="true"
        android:inputType="text" />

    <TableLayout
        android:id="@+id/btn_query"
        android:layout_width="wrap_content"
        android:layout_height="wrap_content"
        android:layout_alignParentBottom="true"
        android:layout_centerHorizontal="true"
        android:stretchColumns="*" >

        <TableRow >

            <!-- 查询 -->

            <ImageView
                android:id="@+id/main_iv_query"
                android:layout_width="100dp"
                android:layout_height="50dp"
                android:contentDescription="@id/main_iv_query"
                android:src="@drawable/find_icon" />
            <!-- 添加 -->

            <ImageView
                android:id="@+id/main_iv_add"
                android:layout_width="100dp"
                android:layout_height="50dp"
                android:contentDescription="@id/main_iv_add"
                android:src="@drawable/add_icon" />
            <!-- 退出 -->

            <ImageView
                android:id="@+id/main_iv_exit"
                android:layout_width="100dp"
```

```xml
                    android:layout_height="50dp"
                    android:contentDescription="@+id/main_iv_add"
                    android:src="@drawable/exit_icon" />
            </TableRow>
        </TableLayout>

        <ListView
            android:id="@+id/lv_content"
            android:layout_width="fill_parent"
            android:layout_height="fill_parent"
            android:layout_above="@id/btn_query"
            android:layout_below="@id/main_et_input" />

</RelativeLayout>
```

界面布局 contact_item_layout.xml 文件的实现，作用是显示每条记录。

```xml
<?xml version="1.0" encoding="utf-8"?>
<RelativeLayout xmlns:android="http://schemas.android.com/apk/res/android"
    android:layout_width="match_parent"
    android:layout_height="match_parent">
    <!-- 通讯录 item -->
    <TableLayout
        android:layout_width="wrap_content"
        android:layout_height="wrap_content"
        android:layout_centerHorizontal="true">

        <TableRow>
            <TextView
                android:id="@+id/item_tv_name"
                android:layout_width="150dp"
                android:layout_height="wrap_content"
                android:layout_gravity="center|left"
                android:layout_margin="10dp" />

            <TextView
                android:id="@+id/item_tv_phone"
                android:layout_width="150dp"
                android:layout_height="wrap_content"
                android:layout_gravity="center|left"
                android:layout_margin="10dp" />
        </TableRow>
    </TableLayout>

</RelativeLayout>
```

文件 insert_layout.xml 是添加新联系人的弹出窗口布局。

```xml
<?xml version="1.0" encoding="utf-8"?>
<RelativeLayout xmlns:android="http://schemas.android.com/apk/res/android"
```

```xml
    android:layout_width = "fill_parent"
    android:layout_height = "fill_parent" >

    <TableLayout
        android:layout_width = "wrap_content"
        android:layout_height = "wrap_content"
        android:layout_centerHorizontal = "true"
        android:layout_centerVertical = "true" >

        <TableRow>

            <TextView
                android:layout_width = "wrap_content"
                android:layout_height = "wrap_content"
                android:layout_margin = "5dp"
                android:text = "@string/str_name" />

            <EditText
                android:id = "@+id/ins_ly_et_name"
                android:layout_width = "100dp"
                android:layout_margin = "5dp"
                android:inputType = "text" />
        </TableRow>

        <TableRow>

            <TextView
                android:layout_width = "wrap_content"
                android:layout_height = "wrap_content"
                android:layout_margin = "5dp"
                android:text = "@string/str_number" />

            <EditText
                android:id = "@+id/ins_ly_et_number"
                android:layout_width = "170dp"
                android:layout_margin = "5dp"
                android:inputType = "number"
                android:maxLength = "14" />
        </TableRow>
    </TableLayout>

</RelativeLayout>
```

文件 update_layout.xml 是修改联系人电话的弹出窗口布局。

```xml
<?xml version = "1.0" encoding = "utf-8"? >
<RelativeLayout xmlns:android = "http://schemas.android.com/apk/res/android"
```

```xml
            android:layout_width = "fill_parent"
            android:layout_height = "fill_parent" >

        <TableLayout
            android:layout_width = "wrap_content"
            android:layout_height = "wrap_content"
            android:layout_centerHorizontal = "true"
            android:layout_centerVertical = "true" >

            <TableRow >
                <TextView
                    android:layout_width = "wrap_content"
                    android:layout_height = "wrap_content"
                    android:layout_margin = "5dp"
                    android:text = "@string/str_number" />

                <EditText
                    android:id = "@+id/upd_ly_et_number"
                    android:layout_width = "170dp"
                    android:layout_margin = "5dp"
                    android:inputType = "number"
                    android:maxLength = "14" />
            </TableRow>
        </TableLayout>

</RelativeLayout>
```

步骤二：程序文件 ContactBean.java 是联系人实体类的实现。

```java
/**
 * @description 联系人 beam
 */
public class ContactBean {
    //常量
    public static String CONTACT_ID = "_id";
    public static String CONTACT_NAME = "name";
    public static String CONTACT_PHONE = "phone";
    private int _id;
    private String name;
    private String phone;

    public ContactBean() {
        // TODO Auto-generated constructor stub
    }

    public ContactBean(int id, String name, String phone) {
        this._id = id;
```

```java
        this.name = name;
        this.phone = phone;
    }

    public int get_id() {
        return _id;
    }

    public void set_id(int _id) {
        this._id = _id;
    }

    public String getName() {
        return name;
    }

    public void setName(String name) {
        this.name = name;
    }

    public String getPhone() {
        return phone;
    }

    public void setPhone(String phone) {
        this.phone = phone;
    }
}
```

程序文件 ItemsAdapter.java 是联系人列表的子项布局适配器。

```java
import java.util.List;
import java.util.Map;
import android.content.Context;
import android.view.LayoutInflater;
import android.view.View;
import android.view.ViewGroup;
import android.widget.BaseAdapter;
import android.widget.TextView;

public class ItemsAdapter extends BaseAdapter {
    LayoutInflater inflater;
    List<Map<String, Object>> listItem;
    String index[];
    Context context;
```

```java
        public ItemsAdapter(List<Map<String, Object>> list, String index[],
                Context context) {
            this.index = index;
            this.context = context;
            inflater = LayoutInflater.from(context);
            this.listItem = list;
        }

        @Override
        public int getCount() {
            // TODO Auto-generated method stub
            return listItem.size();
        }

        @Override
        public Object getItem(int position) {
            // TODO Auto-generated method stub
            return listItem.get(position);
        }

        @Override
        public long getItemId(int position) {
            // TODO Auto-generated method stub
            return position;
        }

        @Override
        public View getView(int position, View convertView, ViewGroup parent) {
            ViewHolder holder = null;
            if (convertView == null) {
                holder = new ViewHolder();
                //获取字符串
                String strName = listItem.get(position).get(index[0]) + "";
                String strPhone = listItem.get(position).get(index[1]) + "";

                //获取文件视图
                convertView = inflater.inflate(R.layout.contact_item_layout, null);
                holder.tvName = (TextView) convertView
                        .findViewById(R.id.item_tv_name);
                holder.tvPhone = (TextView) convertView
                        .findViewById(R.id.item_tv_phone);

                //设置字符串内容
                holder.tvName.setText(strName);
                holder.tvPhone.setText(strPhone);

                //加入convertView
                convertView.setTag(holder);
```

```java
        } else {
            holder = (ViewHolder) convertView.getTag();
        }
        return convertView;
    }

    public final class ViewHolder {
        public TextView tvId, tvName, tvPhone;
    }

}
```

界面程序文件 MainActivity.java 的实现。

```java
import java.util.ArrayList;
import java.util.HashMap;
import java.util.List;
import java.util.Map;

import android.app.Activity;
import android.app.AlertDialog;
import android.content.ContentProviderOperation;
import android.content.ContentResolver;
import android.content.ContentUris;
import android.content.ContentValues;
import android.content.Context;
import android.content.DialogInterface;
import android.database.Cursor;
import android.graphics.Color;
import android.net.Uri;
import android.os.Bundle;
import android.provider.ContactsContract;
import android.provider.ContactsContract.CommonDataKinds.Phone;
import android.provider.ContactsContract.Data;
import android.provider.ContactsContract.RawContacts;
import android.view.LayoutInflater;
import android.view.View;
import android.view.View.OnClickListener;
import android.view.ViewGroup;
import android.widget.AdapterView;
import android.widget.AdapterView.OnItemClickListener;
import android.widget.EditText;
import android.widget.ImageView;
import android.widget.ListView;
import android.widget.Toast;

/**
 * @author smalt
 * @description 读取通讯录联系人
```

```java
     */
public class MainActivity extends Activity {
    Context context;
    ListView listViewItem;
    EditText etInput;
    ImageView imgQuery, imgAdd, imgExit;  //查询、添加、退出按钮
    ArrayList<ContactBean> contactList;  //查询出的联系人列表
    List<Map<String, Object>> adapterList;  //适配器显示的联系人列表
    String strName;  //插入的姓名
    String strNumber;  //插入的电话
    Map<String, Object> map;  //单击item获取的map
    ItemsAdapter myAdapter;  //适配器
    String nameQuery, idQuery;  //选择item的字段

    @Override
    protected void onCreate(Bundle savedInstanceState) {
        super.onCreate(savedInstanceState);
        setContentView(R.layout.activity_main);

        initView();

        initListener();

    }

    private void initListener() {
        //添加联系人
        imgAdd.setOnClickListener(new OnClickListener() {

            @Override
            public void onClick(View v) {
                //弹出对话框显示插入界面
                //载入xml文件的布局
                LayoutInflater lf = (LayoutInflater) MainActivity.this
                        .getSystemService(Context.LAYOUT_INFLATER_SERVICE);
                View vg = (View) lf.inflate(R.layout.insert_layout, null);
                vg.setBackgroundColor(Color.WHITE);
                final EditText etName = (EditText) vg
                        .findViewById(R.id.ins_ly_et_name);
                final EditText etNumber = (EditText) vg
                        .findViewById(R.id.ins_ly_et_number);

                new AlertDialog.Builder(MainActivity.this)
                        .setView(vg)
                        .setPositiveButton("确定",
                                new DialogInterface.OnClickListener() {

                                    @Override
```

```java
                            public void onClick(DialogInterface dialog,
                                    int which) {
                                strName = etName.getText().toString();
                                strNumber = etNumber.getText()
                                        .toString();
                                System.out.println("str --->" + strName
                                        + "num :" + strNumber );
                                insertValue(strName, strNumber );
                            }
                        }).setNegativeButton("取消", null ).show();

            }
        });

        //查找数据
        imgQuery.setOnClickListener(new OnClickListener() {

            @Override
            public void onClick(View v) {

                //首拼、全拼查找联系人
                contactList = new ArrayList<ContactBean>(getQuery(etInput
                        .getText().toString()));
                if (contactList.size() == 0) {
                    //清空所有显示数据
                    showListView();
                    Toast.makeText(context, "无此数据！", Toast.LENGTH_SHORT ).show();
                } else {
                    showListView();
                }
            }
        });
        //退出
        imgExit.setOnClickListener(new OnClickListener() {

            @Override
            public void onClick(View v) {
                // TODO Auto-generated method stub
                finish();
            }
        });
        //删除和修改
        listViewItem.setOnItemClickListener(new OnItemClickListener() {

            @SuppressWarnings("unchecked")
            @Override
            public void onItemClick(AdapterView<?> parent, View view,
                    int position, long id) {
                map = (Map<String, Object>) myAdapter.getItem(position);
```

```java
            nameQuery = map.get(ContactBean.CONTACT_NAME).toString();
            idQuery = map.get("_id").toString();
            System.out.println("选择的 name --> " + nameQuery);

            new AlertDialog.Builder(context)
                    .setTitle("对本条记录如何操作?")
                    .setPositiveButton("删除",
                            new DialogInterface.OnClickListener() {
                                public void onClick(DialogInterface dialog,
                                                    int whichButton) {
                                    //删除记录
                                    deleteContact(nameQuery);
                                }
                            })
                    .setNeutralButton("修改",
                            new DialogInterface.OnClickListener() {

                                @Override
                                public void onClick(DialogInterface dialog,
                                                    int which) {
                                    doUpdateData();

                                }

                            })
                    .setNegativeButton("取消",
                            new DialogInterface.OnClickListener() {

                                @Override
                                public void onClick(DialogInterface dialog,
                                                    int which) {

                                }
                            }).show();

        }
    });

}

/**
 * @param id
 * @param number
 * @description 修改联系人姓名、电话
 */
private void updateData(String id, String name, String number) {
    ArrayList<ContentProviderOperation> ops = new ArrayList<ContentProviderOperation>();
```

```java
            try {
                ////修改电话号码
                ops.add(ContentProviderOperation.newUpdate(Data.CONTENT_URI)
                        .withSelection("_id =? ", new String[]{id})
                        .withValue(Phone.NUMBER, number).build());

                getContentResolver().applyBatch(ContactsContract.AUTHORITY, ops);

                freshData(etInput.getText().toString());
                Toast.makeText(context, "修改成功!", Toast.LENGTH_SHORT).show();
            } catch (Exception e) {
                Toast.makeText(context, "修改失败!", Toast.LENGTH_SHORT).show();
                e.printStackTrace();
            }

        }

    /**
     * @description 显示listview信息
     */
    private void showListView() {
        //获取数据映射
        adapterList = new ArrayList<Map<String, Object>>();
        Map<String, Object> map = new HashMap<String, Object>();
        for (ContactBean bean : contactList) {
            map = new HashMap<String, Object>();

            map.put(ContactBean.CONTACT_NAME, bean.getName());
            map.put(ContactBean.CONTACT_PHONE, bean.getPhone());
            map.put(ContactBean.CONTACT_ID, bean.get_id());
            adapterList.add(map);
        }
        //加载适配器

        myAdapter = new ItemsAdapter(adapterList, new String[]{
                ContactBean.CONTACT_NAME, ContactBean.CONTACT_PHONE,
                ContactBean.CONTACT_ID}, MainActivity.this);
        myAdapter.notifyDataSetChanged();
        listViewItem.setAdapter(myAdapter);
    }

    /**
     * @param name
     * @param phoneNumber
     * @description 插入姓名、电话
     */
```

```java
        private void insertValue(String name, String phoneNumber) {
            try {

                int phoneType = ContactsContract.CommonDataKinds.Phone.TYPE_HOME;

                ContentValues values = new ContentValues();
                values.putNull(ContactsContract.RawContacts.ACCOUNT_TYPE);
                values.putNull(ContactsContract.RawContacts.ACCOUNT_NAME);
                Uri rawContactUri = context.getContentResolver().insert(
                        RawContacts.CONTENT_URI, values);
                long rawContactId = ContentUris.parseId(rawContactUri);
                //姓名
                values.clear();
                values.put(ContactsContract.Data.RAW_CONTACT_ID, rawContactId);
                values.put(
                        ContactsContract.Data.MIMETYPE,
                        ContactsContract.CommonDataKinds.StructuredName.CONTENT_ITEM_TYPE);
                values.put(
                        ContactsContract.CommonDataKinds.StructuredName.DISPLAY_NAME,
                        name);
                context.getContentResolver().insert(
                        ContactsContract.Data.CONTENT_URI, values);
                //电话号码
                values.clear();
                values.put(ContactsContract.Data.RAW_CONTACT_ID, rawContactId);
                values.put(ContactsContract.Data.MIMETYPE,
                        ContactsContract.CommonDataKinds.Phone.CONTENT_ITEM_TYPE);
                values.put(ContactsContract.CommonDataKinds.Phone.NUMBER,
                        phoneNumber);
                values.put(ContactsContract.CommonDataKinds.Phone.TYPE, phoneType);
                context.getContentResolver().insert(
                        ContactsContract.Data.CONTENT_URI, values);

                Toast.makeText(context, "添加成功！", Toast.LENGTH_SHORT).show();
            } catch (Exception e) {
                Toast.makeText(context, "添加失败,请重试", Toast.LENGTH_SHORT).show();
            }
        }

        /**
         * @description 插入姓名和电话
         */
```

```java
/**
 * @description 初始化显示数据
 */
private void initView() {
    context = MainActivity.this;
    listViewItem = (ListView) findViewById(R.id.lv_content);
    contactList = new ArrayList<ContactBean>();
    etInput = (EditText) findViewById(R.id.main_et_input);
    //单击删除
    imgQuery = (ImageView) findViewById(R.id.main_iv_query);
    imgAdd = (ImageView) findViewById(R.id.main_iv_add);
    imgExit = (ImageView) findViewById(R.id.main_iv_exit);
}

/**
 * @param key 输入框的关键字、姓名或电话号码
 * @description 通过关键字查询数据
 */
private ArrayList<ContactBean> getQuery(String key) {
    ArrayList<ContactBean> list = new ArrayList<ContactBean>();

    Uri uri = Uri.withAppendedPath(
            ContactsContract.CommonDataKinds.Phone.CONTENT_FILTER_URI,
            Uri.encode(key));

    Cursor cursor = getContentResolver().query(uri,
            new String[]{ContactsContract.CommonDataKinds.Phone._ID, // "_id"
                    ContactsContract.CommonDataKinds.Phone.DISPLAY_NAME, // "display_name"
                    ContactsContract.CommonDataKinds.Phone.NUMBER}, // "data1"
            null, null);
    System.out.println();

    System.out.println("total =========> " + cursor.getCount());
    cursor.moveToFirst();
    for (int i = 0; i < cursor.getCount(); i++) {
        String id = cursor.getString(0);
        String name = cursor.getString(1);
        String number = cursor.getString(2);
        System.out.println("id:" + id + ".name:" + name + ",number:"
                + number);

        // //查到的结果加入list
        ContactBean contact = new ContactBean(Integer.parseInt(id), name,
                number);
        list.add(contact);
        cursor.moveToNext();
    }
```

```java
            cursor.close();
            return list;
}

/**
 * @param nameQuery
 * @description 根据姓名查找 id 再删除联系人
 */
private void deleteContact(String nameQuery) {
    try {
        //根据姓名求 id
        Uri uri = Uri.parse("content://com.android.contacts/raw_contacts");
        ContentResolver resolver = context.getContentResolver();
        Cursor cursor = resolver.query(uri, new String[]{Data._ID},
                "display_name=? ", new String[]{nameQuery}, null);
        if (cursor.moveToFirst()) {
            int id = cursor.getInt(0);
            //根据 id 删除 data 中的相应数据
            resolver.delete(uri, "display_name=? ",
                    new String[]{nameQuery});
            uri = Uri.parse("content://com.android.contacts/data");
            resolver.delete(uri, "raw_contact_id=? ",
                    new String[]{id + ""});
        }
        //重新查询,刷新显示
        freshData(etInput.getText().toString());

        Toast.makeText(context, "删除成功!",
Toast.LENGTH_SHORT).show();
    } catch (Exception e) {
        Toast.makeText(context, "删除失败,请重试!",
Toast.LENGTH_SHORT).show();
        e.printStackTrace();
    }
}

/**
 * @param keyQuery 输入框的关键字
 * @description 刷新 listview 显示信息
 */
private void freshData(String keyQuery) {
    contactList = new ArrayList<ContactBean>(getQuery(keyQuery));
    showListView();
}

private void doUpdateData() {
    //弹出对话框输入电话号码
    LayoutInflater lf = (LayoutInflater) MainActivity.this
            .getSystemService(Context.LAYOUT_INFLATER_SERVICE);
```

```java
            ViewGroup vg = (ViewGroup) lf.inflate(R.layout.update_layout, null);
            final EditText etShow = (EditText) vg
                    .findViewById(R.id.upd_ly_et_number);
            new AlertDialog.Builder(MainActivity.this).setView(vg)
                    .setTitle("请输入需要修改的电话")
                    .setPositiveButton("确定", new
DialogInterface.OnClickListener() {
                        @Override
                        public void onClick(DialogInterface dialog, int which) {
                            strNumber = etShow.getText().toString();
                            if (strNumber.length() != 0) {
                                updateData(idQuery, null, strNumber);
                            }
                        }
                    }).setNegativeButton("取消", null).show();
        }
    }
```

步骤三：清单文件 AndroidManifest.xml 中设置系统权限。

```xml
<?xml version="1.0" encoding="utf-8"?>
<manifest xmlns:android="http://schemas.android.com/apk/res/android"
    package="com.example.cpcx">
    <!-- 添加联系人读写权限 -->

    <uses-permission android:name="android.permission.READ_CONTACTS" />
    <uses-permission android:name="android.permission.WRITE_CONTACTS" />

    <application
        android:allowBackup="true"
        android:icon="@mipmap/ic_launcher"
        android:label="@string/app_name"
        android:roundIcon="@mipmap/ic_launcher_round"
        android:supportsRtl="true"
        android:theme="@style/AppTheme">
        <activity android:name=".MainActivity">
            <intent-filter>
                <action android:name="android.intent.action.MAIN" />

                <category android:name="android.intent.category.LAUNCHER" />
            </intent-filter>
        </activity>
    </application>

</manifest>
```

步骤四：程序编写好以后，运行到 Android 开发终端上进行测试。在输入框输入联系人姓名或电话号码后，可以单击左下方"查询"按钮检索出联系人信息。可以在查询出的结果列表中单击某条记录，在弹出的对话框中选择修改或者删除联系人信息，修改及删除操作的结果，成功后会弹出提示。在主界面单击"添加"按钮可以添加联系人，添加成功后会弹出提示。单击"退出"按钮会退出简单通讯录程序。

知识巩固

1. 下列（　　）不是查询 ContentProvider 中的数据时所需要的。
   A. 标识 ContentProvider 的 URI   B. 字段中数据的大小
   C. 要查询的数据字段名称   D. 字段中数据的类型

2. 下面代码用于向 tb_inaccount 插入数据的是（　　）。

```
ContentValues values = new ContentValues();
values.put("money", 5000);
values.put("time", "2015-06-10");
values.put("type", "工资");
values.put("handler", "明日科技");
values.put("mark", "5月份工资");
_____
```

   A. db.update("tb_inaccount", null, values);
   B. db.insert("tb_inaccount", values);
   C. db.insert("tb_inaccount", null, values);
   D. db.update("tb_inaccount", values);

3. Cursor 类提供的（　　）方法用于将指针移动到下一条记录上。
   A. moveToPosition( )   B. moveToPrevious( )
   C. moveToFirst( )   D. moveToNext( )

工作任务单

《Android 移动开发项目式教程》工作任务单

工作任务			
小组名称		工作成员	
工作时间		完成总时间	
工作任务描述			

续表

小组分工	姓名		工作任务

任务执行结果记录			
序号	工作内容	完成情况	操作员

任务实施过程记录			

验收评定		验收人签字	

学习成果评价

学号		姓名		班级		
评价栏目	任务详情	评价要素	分值	评价主体		
				学生自评	小组互评	教师点评
任务功能实现	使用 Activity（活动）实现系统用户信息注册功能	任务功能是否实现	10			
	使用 Service（服务）完成视力保护通知提醒功能	任务功能是否实现	10			
	使用 BroadcastReceiver（广播接收器）实现控制界面显示的功能	任务功能是否实现	10			

续表

学号		姓名		班级	
评价栏目	任务详情	评价要素	分值	评价主体		
				学生自评	小组互评	教师点评
代码编写规范	使用 ContentProvider 实现简单通讯录的功能	任务功能是否实现	10			
	在 Activity 之间传送 Bundle 数据的操作方法	任务功能是否实现	10			
	Intent 对象使用方法和技巧	Intent 对象操作是否有效，Android 代码编写是否规范并符合要求	6			
	关键字书写	关键字书写是否正确	2			
	标点符号使用	是否是英文标点符号	2			
	标识符设计	标识符是否按规定格式设置，并实现见名知意	2			
	代码可读性	代码可读性是否友好	4			
	代码优化程度	代码是否已被优化	2			
	代码执行耗时	执行时间可否接受	2			
操作熟练度	代码编写流程	编写流程是否熟练	4			
	程序运行操作	运行操作是否正确	4			
	调试与完善操作	调试过程是否合规	2			
创新性	代码编写思路	设计思路是否创新	5			
	手机界面显示效果	显示界面是否创新	5			
职业素养	态度	是否认真细致、遵守课堂纪律、学习积极、团队协作	4			
	操作规范	是否编码格式对齐、是否操作规范	2			
	设计理念	是否突显用户中心设计理念	4			
总分			100			

教学过程评价

亲爱的同学，本项目学习结束了，感谢你始终如一地努力学习和积极配合。为了能使我们不断做出改进，提高教学效果，我们很乐意了解你对本项目学习的真实想法。所搜集的数据我们都将保密并采用不记名的方式。有些问题只需要做出选择，有些问题以几个关键字给出简单的回答即可。

项目名称：	教师姓名：			
上课时间：	很满意	满意	一般	不满意
一、项目教学组织评价				
1. 你对课程教学秩序是否满意	□	□	□	□
2. 你对实训室的环境卫生状况是否满意	□	□	□	□
3. 你对课堂整体纪律表现是否满意	□	□	□	□
4. 你对你们小组的总体表现是否满意	□	□	□	□
5. 你对这种教学模式是否满意	□	□	□	□
二、授课教师评价				
教师组织授课通俗易懂、结构清晰	□	□	□	□
教师能认真指导学生、因材施教	□	□	□	□
教师非常关注学生的学习效果	□	□	□	□
理论和实践的比例安排合理	□	□	□	□
三、授课内容评价				
课程内容是否适合你的水平	□	□	□	□
授课中使用的各种学习资料和在线资源是否满意	□	□	□	□

请回答下列问题：

1. 在教学组织方面，哪些还需要进一步改进？

2. 哪些授课内容你比较满意？哪些方面还需要进一步改进？

3. 哪些授课内容你不感兴趣，为什么？

项目八

网络编程

项目介绍：

如今，手机应用渗透到各行各业，难以计数，其中大多数应用都会使用到网络，与服务器的交互势不可挡，那么在 Android 系统中访问网络有哪些方式呢？

以下总结了6种方式：

①针对 TCP/IP 的 Socket、ServerSocket。

②针对 UDP 的 DatagramSocket、DatagramPackage。这里需要注意的是，考虑到 Android 设备通常是手持终端，IP 都是上网时随机分配的，不是固定的。因此，与普通互联网应用开发相比有所差异。

③针对直接 URL 的 HttpURLConnection。

④Google 集成了 Apache HTTP 客户端，可使用 HTTP 进行网络编程。

⑤使用 WebService。Android 可以通过开源包如 jackson 去支持 Xmlrpc 和 Jsonrpc。另外，也可以用 Ksoap2 去实现 WebService。

⑥直接使用 WebView 视图组件显示网页。基于 WebView 进行开发，Google 已经提供了一个基于 chrome–lite 的 Web 浏览器，可以直接上网浏览网页。

本项目将详细介绍 Socket 和 HttpURLConnection 方式的网络编程。

知识图谱：

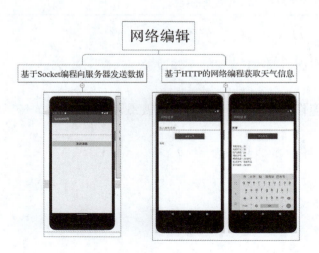

项目八 网络编程

学习目标:

1. 素质目标

Android 平台属于开发式平台,任何人都可以将自己编译的程序发布供人下载使用。我国互联网安全的法律正在不断完善,在编译 APP 的时候,需要增强隐私安全意识,普及法律知识,弘扬法治精神,不使用容易泄露用户数据的方法进行编写,增强自己的法律意识;增强版权意识,不要随意窃取别人的知识产权。

2. 知识目标

掌握 Android 网络编程基本原理;了解 HTTP 协议,掌握 Socket 通信原理。

3. 能力目标

基于 Socket 和 HTTP 能够进行 APP 网络编程开发。

1+X 证书考点:

工作领域	工作任务	专业技能要求	课程内容
2. 安卓应用程序开发	2.3 网络编程	2.3.1 能够掌握网络通信的基础知识 2.3.3 能够使用 URL 访问网络资源 2.3.4 能够使用 HTTP 访问网络	任务 1:基于 Socket 编程向服务器发送数据 任务 2:基于 HTTP 的网络编程获取天气信息

任务 1 基于 Socket 编程向服务器发送数据

任务描述

TCP/IP 网络编程(俗称 Socket 编程)是针对 TCP/IP 层协议(如 TCP、UDP)进行的网络编程。这是一种最传统的网络编程方式,许多互联网早期诞生的网络软件,如 QQ、Foxmail 都是依赖于 Socket 编程技术开发出来的。相对于基于应用层协议(如 HTTP)的 Web 编程来说,TCP/IP 网络编程由于是在更底层协议上进行编程,必须编程实现创建套接字、监听、建立连接等前期步骤后才能进行网络通信,而 Web 编程却能依靠 HTTP 协议直接收发数据,因此,TCP/IP 编程的入门难度明显比 Web 编程要大得多。但其实际应用领域还是很多的,并且有些应用具有不可替代性(比如工控软件、物联网通信软件等)。

万丈高楼平地起,掌握套接字编程这一底层网络编程尤为重要。下面基于 Socket 的编程,实现客户端负责发送内容、服务器端用来接收内容的程序,如图 8-1 所示。

图 8-1　客户端负责发送消息界面

任务分析

开发此应用需要添加和编辑的文件见表 8-1。编辑 res/layout 中的 activity_main.xml 文件，编写一个线性布局，在该垂直线性布局内使用一个编辑框用于输入想发送的内容、一个按钮用来发送消息；SocketUtil.java 文件用于定义 Socket 和发送消息的功能；SocketServer 文件是运行在服务器端的程序，用来接收客户端发过来的消息。编辑 MainActivity.java 文件实现对应的功能。

表 8-1　操作的文件列表

文件类型	文件名	操作
布局文件	res/layout/activity_main.xml	编辑
界面程序文件	src/…/MainActivity.java	编辑
Bean 文件	src/…/SocketUtil.java	创建
Java 文件	SocketServer.java	创建

知识要点

Socket（套接字）是对 TCP/IP 协议的封装和应用，根据底层封装协议的不同，Socket 可以分为流套接字（streamsocket）和数据报套接字（datagramsocket）两种。流套接字将

TCP 作为端对端协议，提供了一个可信赖的字节流服务；数据报套接字使用 UDP 协议，提供数据打包发送服务，应用程序可以通过它发送最长 64 KB 的信息。Socket 的通信模型如图 8-2 所示。

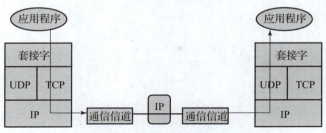

图 8-2　Socket 的通信模型图

通过图 8-2 可以很容易地看出，使用 Socket 进行两个应用程序之间的通信时，可以选择使用 TCP 还是 UDP 作为其底层协议。对比两种方式，就会发现它们各有优劣，TCP 首先连接接收方，然后发送数据，保证成功率，速度相对较慢（相比 HTTP 方式，还是非常快的）；UDP 把数据打包成数据包，然后直接发送对应的 IP 地址，速度快，但是不保证成功率，并且数据大小有限。

一个功能齐全的 Socket 工作过程包含 4 个基本的步骤：创建 Socket；打开连接到 Socket 的输入/输出流；按照一定的协议对 Socket 进行读/写操作；关闭 Socket。Java 在 java.net 包中提供了 Socket 和 ServerSocket 两个类，分别用来表示双向连接的客户端和服务器端，是 Socket 编程的核心类。构造方法很多，一般情况下使用下面两种：

```
Socket client = new Socket("127.0.0.1",999);
    ServerSocket server = new ServerSocket(999);
```

其中，Socket 类用于实例化一个 Client，参数分别是要访问的 IP 地址和端口号，这个端口号要与服务器端一致。ServerSocket 类用于实例化一个 Server，其中的参数用来设置端口，这里的端口不能与 3306、80、8080 等常用端口号冲突。

任务实施

步骤一：根据任务要求实现界面 activity_main.xml。

```xml
<?xml version = "1.0" encoding = "utf-8"? >
<LinearLayout xmlns:android = "http://schemas.android.com/apk/res/android"
    xmlns:tools = "http://schemas.android.com/tools"
    android:layout_width = "match_parent"
    android:layout_height = "match_parent"
    android:orientation = "vertical"
    tools:context = ".MainActivity" >
    <EditText
```

```xml
        android:id = "@ +id/message"
        android:layout_width = "match_parent"
        android:layout_height = "wrap_content"
        android:paddingTop = "50dp"
        android:textSize = "24sp"/>
    <Button
        android:id = "@ +id/button"
        android:layout_width = "match_parent"
        android:layout_height = "wrap_content"
        android:layout_marginTop = "30dp"
        android:text = "发送消息"
        android:textSize = "20dp"/>
    <TextView
        android:id = "@ +id/content"
        android:layout_width = "match_parent"
        android:layout_height = "wrap_content"
        android:layout_marginTop = "30dp"
        />
</LinearLayout>
```

步骤二：根据需要创建运行在服务器端的文件 SocketServer.java，下面这个 Java 文件需要运行在服务器端。

```java
public class SocketServer {
    public static void main(String[] args) throws IOException {
        @SuppressWarnings("resource")
        ServerSocket service = new ServerSocket(2226);
        while (true) {
            Socket socket = service.accept();
            new Thread(new AndroidRunable(socket)).start();
        }
    }
}
class AndroidRunable implements Runnable{
    Socket socket = null;
    public AndroidRunable(Socket socket)
    {
        this.socket = socket;
    }
    public void run(){
        String line = null;
        InputStream inputStream;
        OutputStream outputStream;
        String str = "hello this is www.socket.com!";
        try {
            outputStream = socket.getOutputStream();
            inputStream = socket.getInputStream();
            BufferedReader bfr = new BufferedReader(new InputStreamReader(inputStream));
```

```java
                outputStream.write(str.getBytes("gbk"));
                outputStream.flush();
                socket.shutdownOutput();
                while((line=bfr.readLine())!=null){
                    System.out.print(line);
                }
                outputStream.close();
                bfr.close();
                inputStream.close();
                socket.close();
            }catch(IOException e)
            {
                e.printStackTrace();
            }
        }
    }
```

步骤三：新建 SocketUtil.java 文件实现 Socket 发送消息的功能。

```java
public class SocketUtil{
    private String str;
    private Socket socket;
    private String ip;

    public SocketUtil(String str,String ip){
        this.str=str;
        this.ip=ip;
    }
    public String sendMessage(){
        String result="";
        try{
            socket=new Socket();
            //IP 为电脑所在的局域网网址
            socket.connect(new InetSocketAddress(ip,2226),5000);
            OutputStream outputStream=socket.getOutputStream();
            outputStream.write(str.getBytes());
            outputStream.flush();
            BufferedReader bfr=new BufferedReader(new InputStreamReader(socket.getInputStream()));
            String line=null;
            StringBuffer buffer=new StringBuffer();
            while((line=bfr.readLine())!=null)
            {
                buffer.append(line);
            }
            result=buffer.toString();
            bfr.close();
            outputStream.close();
            socket.close();
```

```
        }catch(SocketException e)
        {
            //连接超时,在UI界面显示消息
            Log.i("socket",e.toString());
        }catch(IOException e)
        {
            e.printStackTrace();
        }
        return result;
    }
}
```

步骤四：编辑 MainActivity.java 文件实现对应的功能。

```
public class MainActivity extends AppCompatActivity {
    private Button button;
    private TextView textView;
    private String result;
    private Handler handler = new Handler(){
        @Override
        public void handleMessage(Message msg){
            super.handleMessage(msg);
            if(msg.what ==123)
            {
                textView.setText(result);
            }
        }
    };

    @Override
    protected void onCreate(Bundle savedInstanceState) {
        super.onCreate(savedInstanceState);
        setContentView(R.layout.activity_main);
        initView();
    }
    private void initView()
    {
        textView =(TextView)findViewById(R.id.content);
        final EditText editText =(EditText)findViewById(R.id.message);
        button =(Button)findViewById(R.id.button);
        button.setOnClickListener(new View.OnClickListener() {
            @Override
            public void onClick(View v) {
                new Thread(new Runnable() {
                    @Override
                    public void run() {
                        result = new SocketUtil(editText.getText().toString(),"192.168.0.106").sendMessage();
```

```
//上面的 IP 地址是运行程序的计算机的 IP 地址
                    handler.sendEmptyMessage(123);
                }
            }).start();
        }
    });
}
```

实例代码完成，最后需要在 AndroidManifest.xml 中申请权限，添加下面的代码：

```
<uses-permission android:name = "android.permission.INTERNET"/>
```

在 Activity 中只是对点击事件做了处理，并将服务器端返回的值展示在 TextView 上。添加完网络权限之后，运行程序，在 EditText 中输入内容，然后单击"发送消息"按钮，将"hello"发送到服务器端，并接收到服务器端返回的"hello this is www.bigbirdic.com!"，如图 8-3 所示。

图 8-3 运行效果

观察服务器端代码所在的控制台，发现也确实接收到了手机发送的内容，如图 8-4 所示。

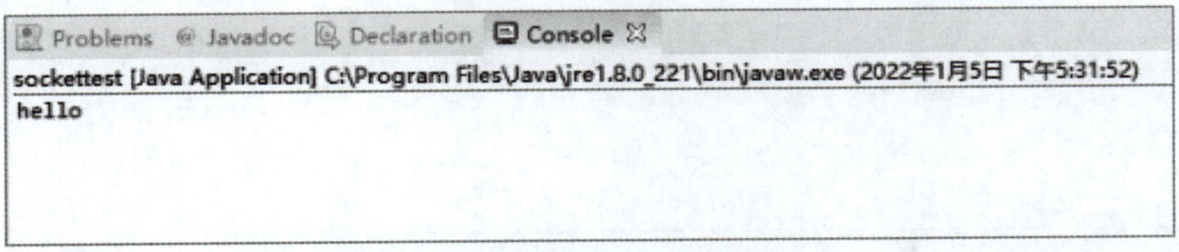

图 8-4 控制台显示结果

知识巩固

1. Android 使用 Socket 进行网络通信,其中,Socket 是对(　　)协议的封装。
   A. POP3　　　　B. TCP　　　　C. UDP　　　　D. TCP/IP

2. 关于 Socket 通信编程,以下描述正确的是(　　)。
   A. 客户端通过 new ServerSocket( ) 创建 TCP 连接对象
   B. 客户端通过 TCP 连接对象调用 accept( ) 方法创建通信的 Socket 对象
   C. 客户端通过 new Socket( ) 方法创建通信的 Socket 对象
   D. 服务器端通过 new ServerSocket( ) 创建通信的 Socket 对象

工作任务单

《Android 移动开发项目式教程》工作任务单

工作任务				
小组名称		工作成员		
工作时间		完成总时间		
工作任务描述				
小组分工	姓名		工作任务	
任务执行结果记录				
序号	工作内容		完成情况	操作员
任务实施过程记录				
验收评定		验收人签字		

任务 2 基于 HTTP 的网络编程获取天气信息

任务描述

天气时刻伴随着我们的生活，应用天气预报可以及时了解天气的趋势，给人们的工作、出行、旅游、化妆、洗车、运动等带来便利。现在很多人早晨醒来习惯性地打开 APP 看一看当天的天气，计划一下接下来的出行。下面基于 HTTP 的网络编程，实现当前输入城市温度的获取，如图 8-5 所示。

图 8-5 天气获取界面效果图

任务分析

开发此应用需要添加和编辑的文件见表 8-2。编辑 res/layout 中的 activity_main.xml 文件，编写一个线性布局，在该垂直线性布局内使用一个编辑框用于输入城市名称、一个提交按钮和一个文本框；Weather.java 文件用于定义获取天气相关变量及其 setter 和 getter 方法；编辑 MainActivity.java 文件实现对应的功能。

表 8-2 操作的文件列表

文件类型	文件名	操作
布局文件	res/layout/activity_main.xml	编辑
界面程序文件	src/…/MainActivity.java	编辑
Bean 文件	src/…/Weather.java	创建

知识要点

1. HTTP

HTTP（Hyper Text Transfer Protocol，超文本传输协议）规定了浏览器和服务器之间相互通信的规则，是一种请求/响应式的应用层的面向对象的协议，浏览器作为 HTTP 客户端通过 URL 向 HTTP 服务器端发送请求，服务器接收到请求后做出响应，如图 8-6 所示。

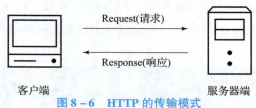

图 8-6　HTTP 的传输模式

URL 的含义是"网络上唯一资源的地址符"，就是人们在访问某个网站时具体的网址。既要明确主机是谁，又要明确主机上的哪个资源。

HTTP 的 URL 的格式：

```
http://host[:port][/path]
```

其中，http 表示要通过 HTTP 来定位网络资源；host 表示合法的 Internet 主机域名或者 IP 地址；port 指定一个端口号，为空则使用默认端口 80；path 指定请求资源的 URI。各部分对应的位置如图 8-7 所示。

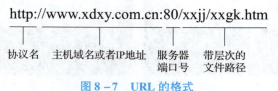

图 8-7　URL 的格式

HTTP 协议的主要特点：

- 支持 C/S 模式。
- 简单快速：只需传送请求方法和路径，请求方法常用的有 GET、HEAD、POST 等。
- 灵活：允许传输任意类型的数据对象，用 Content-Type 进行标记。
- 无连接：限制每次连接只处理一个请求。
- 无状态：对事务处理没有记忆功能。

2. 使用 HttpURLConnection

HttpURLConnection 是 Java JDK 自带的、轻量级的 HTTP 客户端，它的 API 简单且体积小，更容易使用和扩展。每个 HttpURLConnection 实例都可用于生成单个请求，但是其他实例可以透明地共享连接到 HTTP 服务器的基础网络。请求后在 HttpURLConnection 的 InputStream 或 OutputStream 上调用 close() 方法可以释放与此实例关联的网络资源，但对共享的持久连接没有任何影响。

使用 HttpURLConnection 的大致流程：

(1) 创建连接

```
URL url = newURL("http://localhost:8080/TestHttpURLConnectionPro/index.jsp");
HttpURLConnection conn = ( HttpURLConnection) url.openConnection();
```

(2) 设置 Connection 参数

```
conn.setRequestMethod("POST");           //提交模式
conn.setRequestProperty( " Content - Type"," application/json; charset = UTF - 8");//设置请求属性
conn.setConnectTimeout(100000);          //连接超时,单位为毫秒
conn.setReadTimeout(100000);             //读取超时,单位为毫秒
```

(3) 连接

```
conn.connect();
```

(4) 获取写数据流

```
OutputStream outStrm = httpUrlConnection.getOutputStream();
```

(5) 获取读数据流

```
InputStream in = conn.getInputStream();
```

(6) 释放资源

```
conn.disconnect();
```

3. JSON 数据的格式

JSON（JavaScript Object Notation，JS 对象简谱）是一种轻量级的数据交换格式。简洁和清晰的层次结构使得 JSON 成为理想的数据交换语言，易于人们阅读和编写，同时也易于机器解析和生成，并有效地提升网络传输效率。

JSON 的结构形式：键值对形式和数组形式。

(1) JSON 键值对形式

格式：

```
{
    "person": {
        "name": "张三",
        "age": "18",
        "sex": "man",
        "hometown": {
            "province": "河南省",
            "city": "驻马店市",
            "county": "新蔡县"
        }
    }
}
```

一个对象以"{"开始,以"}"结束。每个"名称"后跟一个冒号,键值对之间使用逗号分隔。

(2) JSON 数组形式

数组形式的 JSON 数据就是值(value)的有序集合。一个数组以"["开始,以"]"结束。值之间使用","逗号分隔。例如:

```
["张三",18,"man","河南省驻马店市新蔡县"]
```

JSON 形式内部都是包含 value 的,那么 JSON 的 value 到底有哪些类型呢?

JOSN 的 6 种数据类型:

- string:字符串,必须要用双引号引起来。
- number:数值,与 JavaScript 的 number 一致。
- object:JavaScript 的对象形式,表示方式为{key:value},可嵌套。
- array:数组,JavaScript 的 array 表示方式为[value],可嵌套。
- true/false:布尔类型,与 JavaScript 的 boolean 类型一致。
- null:空值,与 JavaScript 的 null 类型一致。

任务实施

步骤一:根据任务要求实现界面。

新建项目,修改 activity_main 的布局,添加获取天气数据的控件。

```xml
<LinearLayout xmlns:android="http://schemas.android.com/apk/res/android"
    xmlns:tools="http://schemas.android.com/tools"
    android:layout_width="match_parent"
    android:layout_height="match_parent"
    android:gravity="center_horizontal"
    android:orientation="vertical"
    tools:context=".MainActivity" >

    <EditText
        android:id="@+id/et_city"
        android:layout_width="match_parent"
        android:layout_height="wrap_content"
        android:layout_marginTop="24dp"
        android:layout_marginBottom="9dp"
        android:hint="输入城市名称" />

    <Button
        android:id="@+id/btn_weather"
        android:layout_width="194dp"
        android:layout_height="wrap_content"
        android:layout_marginBottom="7dp"
        android:text="获取天气" />

    <ScrollView
```

```xml
            android:id = "@ + id/scrollView3"
            android:layout_width = "match_parent"
            android:layout_height = "wrap_content"
            android:layout_marginBottom = "8dp"
            android:padding = "8dp" >
            <TextView
                android:id = "@ + id/tv_response"
                android:layout_width = "match_parent"
                android:layout_height = "wrap_content"
                android:text = "数据" />
        </ScrollView>

</LinearLayout>
```

步骤二：获取天气预报 API。

打开聚合数据 API，注册用户成功后进行登录，申请使用"天气预报"免费数据，获取 API 请求的 key 值。

步骤三：根据需要获取的数据新建 Weather.java。

```java
public class Weather {
    private String reason;
    private Result result;
    private int errorCode;
    public String getReason() {    return reason;   }
    public Result getResult() {    return result;   }
    public int getErrorCode() {    return errorCode;   }
    public static class Result {
        private String city;
        private Realtime realtime;
        private List <Future> future;
        public String getCity() {     return city;    }
        public void setCity(String city) {    this.city = city;    }
        public Realtime getRealtime() {     return realtime;    }
        public List <Future> getFuture() {     return future;    }
        public static class Realtime {
            private String temperature;
            private String info;
            private String aqi;
            public String getTemperature() {    return temperature;    }
            public String getInfo() {    return info;   }
            public String getAqi() {    return aqi;   }
        }
        public static class Future {
            private String temperature;
            private String weather;
            public String getTemperature() {    return temperature;    }
            public String getWeather() {    return weather;    }
        }
    }
}
```

步骤四：编辑 MainActivity.java 文件实现对应的功能。

①获取天气数据。

```java
public final static int WEATHER_ID = 1;
public final static String WEATHER_URL = "http://apis.juhe.cn/simpleWeather/query";
//天气预报接口请求 Key
public static String API_KEY = "替换成自己申请的key";
private void getWeather(String city) {
    new Thread(new Runnable() {
        @Override
        public void run() {
            //组合请求参数
            Map<String, Object> params = new HashMap<>();
            params.put("city", city);
            params.put("key", API_KEY);
            //获取天气数据
            String result = doGet(WEATHER_URL, urlencode(params));
            if (!TextUtils.isEmpty(result)) {
                //将JSON数据转为Java对象
                Gson gson = new Gson();
                Weather weather = gson.fromJson(result, Weather.class);
                //handler 发送消息
                Message msg = handler.obtainMessage();
                msg.what = WEATHER_ID;
                msg.obj = weather;
                handler.sendMessage(msg);
            }
        }
    }).start();
}
```

②展示天气信息。

```java
private final Handler handler = new Handler(Looper.getMainLooper()) {
    @Override
    public void handleMessage(@NonNull Message msg) {
        if (msg.what == WEATHER_ID) {
            final Weather weather = (Weather) msg.obj;
            if (weather.getErrorCode() == 0) {
                Toast.makeText(MainActivity.this, weather.getReason(), Toast.LENGTH_SHORT).show();
                String result =
                    "\n当前温度:" + weather.getResult().getRealtime().getTemperature() +
                    "\n当前天气:" + weather.getResult().getRealtime().getInfo() +
                    "\n空气质量:" + weather.getResult().getRealtime().getAqi() +
                    "\n明天天气:" + weather.getResult().getFuture().get(0).getWeather() +
                    "\n明天温度:" + weather.getResult().getFuture().get(0).getTemperature() +
                    "\n后天天气:" + weather.getResult().getFuture().get(1).getWeather() +
                    "\n后天温度:" + weather.getResult().getFuture().get(1).getTemperature();
```

```
        tvResponse.setText(result);
      }
    }
  }
};
```

③实现按钮的点击事件。

```
Button btnWeather = findViewById(R.id.btn_weather);
btnWeather.setOnClickListener(new View.OnClickListener() {
  @ Override
  public void onClick(View v) {
    String city = etCity.getText().toString();
    if (! TextUtils.isEmpty(city)) {
        getWeather(city);
    }
  }
});
```

知识巩固

1. HTTP 协议的主要特点是（　　）。

   A. 灵活　　　　　　B. 无连接　　　　　　C. 无状态　　　　　　D. 简单快速

2. 下面选项中，属于 JOSN 的数据类型的是（　　）。

   A. int　　　　　　B. char　　　　　　C. float　　　　　　D. string

工作任务单

《Android 移动开发项目式教程》工作任务单

工作任务			
小组名称		工作成员	
工作时间		完成总时间	
工作任务描述			
小组分工	姓名		工作任务

续表

任务执行结果记录			
序号	工作内容	完成情况	操作员
任务实施过程记录			
验收评定		验收人签字	

学习成果评价

学号		姓名		班级			
评价栏目	任务详情	评价要素	分值	评价主体		
				学生自评	小组互评	教师点评
任务功能实现	Socket 连接服务器	任务功能是否实现	10			
	基于 Socket 向服务器发送数据	任务功能是否实现	15			
	连接 HTTP 服务器	任务功能是否实现	10			
	基于 HTTP 获取天气信息	任务功能是否实现	15			
代码编写规范	基础知识	基础知识是否扎实，Android 代码编写是否规范并符合要求	6			
	标点符号使用	是否是英文标点符号	2			
	标识符设计	标识符是否按规定格式设置，并实现见名知意	2			
	代码可读性	代码可读性是否友好	6			
	代码优化程度	代码是否已被优化	2			
	代码执行耗时	执行时间可否接受	2			

项目八 网络编程

续表

学号		姓名		班级			
评价栏目	任务详情		评价要素	分值	评价主体		
					学生自评	小组互评	教师点评
操作熟练度	代码编写流程		编写流程是否熟练	4			
	程序运行操作		运行操作是否正确	4			
	调试与完善操作		调试过程是否合规	2			
创新性	代码编写思路		设计思路是否创新	5			
	手机界面显示效果		显示界面是否创新	5			
职业素养	态度		是否认真细致、遵守课堂纪律、学习积极、团队协作	4			
	操作规范		是否编码格式对齐、是否操作规范	2			
	设计理念		是否突显用户中心设计理念	4			
	总分			100			

教学过程评价

亲爱的同学，本项目学习结束了，感谢你始终如一地努力学习和积极配合。为了能使我们不断做出改进，提高教学效果，我们很乐意了解你对本项目学习的真实想法。所搜集的数据我们都将保密并采用不记名的方式。有些问题只需要做出选择，有些问题以几个关键字给出简单的回答即可。

项目名称：		教师姓名：			
上课时间：		很满意	满意	一般	不满意
一、项目教学组织评价					
1. 你对课程教学秩序是否满意		□	□	□	□
2. 你对实训室的环境卫生状况是否满意		□	□	□	□
3. 你对课堂整体纪律表现是否满意		□	□	□	□
4. 你对你们小组的总体表现是否满意		□	□	□	□
5. 你对这种教学模式是否满意		□	□	□	□

续表

项目名称：		教师姓名：			
上课时间：		很满意	满意	一般	不满意
二、授课教师评价					
教师组织授课通俗易懂、结构清晰		□	□	□	□
教师能认真指导学生、因材施教		□	□	□	□
教师非常关注学生的学习效果		□	□	□	□
理论和实践的比例安排合理		□	□	□	□
三、授课内容评价					
课程内容是否适合你的水平		□	□	□	□
授课中使用的各种学习资料和在线资源是否满意		□	□	□	□

请回答下列问题：

1. 在教学组织方面，哪些还需要进一步改进？

2. 哪些授课内容你比较满意？哪些方面还需要进一步改进？

3. 哪些授课内容你不感兴趣？为什么？